오은영의 모두가 행복해지는 놀이

어떻게
놀아줘야
할까

❶

오은영의 모두가 행복해지는 놀이

어뜨떻게 놀아줘야 할까

만3~4세
36~59
개월 편
①

글 | 오은영
오은라이프사이언스 연구진

그림 | 현숙희

아이는요, 정말로 잘 놀아야 잘 자랍니다

아이들은 틈만 나면 놀아 달라고 말해요. 하루 종일 놀고도 또 놀아 달라고 합니다. 도대체 왜 이렇게 강렬하게 놀고 싶어 하는 것일까요? 물론 누구나 공부나 일보다 노는 것이 좋아요. 그런데 아이들은 그런 의미에서만이 아닙니다. '놀이'에는 유아기 성장 발달에 중요한 모든 것이 담겨 있어요. 그것이 아이의 DNA에 새겨져 있기 때문입니다.

유아기에는 정말 놀이가 모든 것을 담고 있어요. 저는 어떤 조기 교육보다 부모가 잘 놀아 주는 것이 가장 좋다고 생각합니다. 놀이를 하면 일단 즐겁고 행복합니다. 아이와 놀아 주는 것은 아이에게 즐겁고 행복한 기억을 남겨 주는 거예요. 또 아이가 성장 발달하기 위해서는 반드시 외부의 정보와 자극을 입력시켜야 합니다. 놀이가 그 역할을 해요. 아이는 놀이 중 등장한 재료를 직접 만지고 사용해 보면서 물질들의 성질을 배워 나갑니다.

무엇보다 놀이에는 여러 가지 상호 작용이 등장해요. 놀이를 할 때는 다양한 감각을 느끼고 신체를 많이 움직이게 됩니다. '신체적 상호 작용'이 일어나는 것이지요. 그리고 놀이를 할 때는 자꾸 조잘거리게 돼요. 이렇게 '언어적 상호 작용'도 하게 됩니다. 또한 놀이를 하면서 '우와, 신난다!', '너무 재밌어!', '즐거워!' 등의 감정도 느끼게 돼요. '정서적 상호 작용'이 일어나는 것이지요. 부모는 아이에게 놀이 방법이나 규칙 등 많은 것을 설명해 주게 돼요. 이것으로 '인지적 상호 작용'도 일어납니다. 그러면서 아이는 부모와 관계를 맺어 가고, 친구와도 또 관계를 맺어 가요. 사람 사이의 관계를 배워 가는 것이지요. 그래서 잘 놀면 신체, 인지, 관계, 언어, 정서가 고루 균형 있게 발달해 나가는 것입니다.

사실 부모가 진심으로 즐겁게, 많은 시간을 아이와 놀아 줄 수 있다면 그것만으로 충분합니다. 하지만 우리 부모님들, 현실적으로는 좀 어렵지요? 아이와 노는 것이 그렇게 쉬운 일이 아니에요. 시간이 없기도 하고, 무엇을 하고 놀아야 할지, 어떻게 놀아 줘야 할지 고민하는 부모님들이 많습니다. 육아만으로도 힘든데 놀이 역시 참 만만하지 않아요. 게다가 놀이가 아이의 성장 발달에 중요하다고까지 하면 아마 더 부담되실 거예요. 무거운 어깨를 더 무겁게 하지나 않을까 걱정입니다. 너무 비장하게 생각하지 마세요. 우리에게 먹는 것은 정말 중요합니다. 하지만 한 가지 음식만 많이 먹는 것보다 골고루 먹는 것이 건강에 좋아요. 놀이도 마찬가지입니다. 이왕이면 고른 발달을 돕는 방향으로 해 주는 것이 아이에게 더 좋아요.

이 책에는 이미 검증된, 아이들이 깔깔대며 즐거워하는 놀이가 100가지 담겨 있어요. '지금까지 너무 편식하듯 놀아 준 것이 아닐까?' 하며 걱정하는 부모님들을 위해 신체, 인지, 관계, 언어, 정서로 발달 영역을 나눠서 그 영역에 조금 더 도움이 되는 놀이들을 소개해 놓았습니다. 모든 영역의 놀이를 골고루 즐기세요. 우리 아이에게 필요한 영역의 놀이를 더 자주 즐기셔도 좋습니다.

부모님들, 아이의 놀아 달라는 말 앞에서 당당해지세요. 이 책이 '무엇을 하고 놀아야 하지?', '어떻게 놀아 줘야 할까?'라는 고민의 해결책이 될 것입니다. 더불어 우리 아이의 고른 발달을 돕는 놀이 비책이 될 거예요. 부모나 아이나 잘 노는 것이 중요합니다. 놀다 보면 부모는 아이에 대해 더 잘 이해하게 되고, 아이는 부모와의 애착이 더 좋아져요. 놀다 보면 아이의 즐거워하는 모습에 부모 또한 얼마나 행복해지는지 모릅니다. 신나게 놀면서 아이와 더욱더 행복해지세요. 대한민국 부모님들, 파이팅입니다!

오은영 드림

'우리 아이 발달 놀이' 왜 필요할까요?

아이의 발달은 신체, 인지, 관계, 언어, 정서 영역이 서로 영향을 주고받으며 이루어집니다. 처음에는 그저 건강하게만 자라기를 바라다가 점차 아이에 대한 기대나 바람이 생기게 되지요. '공부를 잘했으면 좋겠다.', '자신감이 넘치고 할 말은 했으면 좋겠다.', '친구들과 잘 지냈으면 좋겠다.'처럼 보호자가 선호하는 부분에 집중적으로 더 많은 자극을 줄 수 있어요. 보호자의 선호도로, 보호자가 인식하지 못해서 아이의 잠재된 능력을 발견하지 못할 수도 있습니다. 따라서 아이가 다양한 영역을 골고루 경험할 수 있도록 도와주어야 합니다.

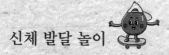

신체 발달 놀이

'신체 발달 놀이'는 보고, 듣고, 맛보고, 만져 보고, 움직이는 것을 통해 내 몸과 주위 환경을 탐색하고, 의도한 대로 몸을 사용해 보는 놀이입니다. 이 영역이 잘 발달되면, 직접 만져 보고 움직이면서 세상 탐색을 즐기는 아이로 자랄 수 있어요.

36~47개월 아이들은 선을 따라 걸을 수 있고, 가위로 선을 따라 자를 수 있어요. 48~59개월 아이들은 두 발을 모아 멀리뛰기를 하고, 계단을 혼자 내려갈 수 있으며, 동그라미와 사각형을 그릴 수 있답니다.

신체 발달 놀이를 하면 다음과 같은 효과를 볼 수 있어요.

- **자세 조절**: 바른 자세를 취하고 유지할 수 있는 능력이에요. 팔과 다리를 원활하게 움직일 수 있도록 지지하는 기초를 제공하기 때문에 중요하지요.
- **신체 양측 협응**: 몸의 좌우, 팔과 다리를 조화롭게 움직이는 기술이에요. 움직임을 보다 정확하고 효율적으로 할 수 있도록 해 주지요.
- **공간 지각**: 공간 안에서 사물과 사물 또는 나와 사물 사이의 상대적 거리와 나의 위치를 아는 것을 의미해요.

- **운동 계획**: 활동하기 위해 움직임의 단계를 기억하고 수행할 수 있게 해 주는 기술이에요.
- **도구 조작**: 손과 팔을 정교하게 움직이는 기술이에요. 도구를 잘 쓰게 해 주어 일상의 과제와 학습을 위해 사용되지요.
- **눈-손 협응**: 눈으로 보는 것과 손의 움직임이 함께 작용해 속도와 정확성이 필요한 활동을 할 수 있도록 하는 능력이에요.
- **감각 발달**: 다양한 경험을 통해 감각의 의미를 알고, 이것을 활동에 참여하기 위해 활용하는 것을 의미해요.
- **구강 운동**: 음식을 삼키거나 말하기 위해 입술, 혀, 뺨, 턱, 입천장을 움직이는 것을 말해요.
- **자조**: 먹고, 씻고, 잠자기 등 규칙적으로 참여해서 올바른 습관을 만드는 활동이에요.

인지 발달 놀이

'인지 발달 놀이'는 여러 지식을 기억하고 적절히 사용하기 위해 머릿속에서 일어나는 모든 과정에 도움을 주는 놀이입니다. 이 영역이 잘 발달되면, 세상의 새로움에 두 눈이 반짝거리며 호기심이 샘솟는 아이로 자랄 수 있어요.

36~47개월 아이들은 크기, 양, 무게를 이해하고, 다른 점과 비슷한 점을 이용해 비교할 수 있어요. 또 1부터 10까지 정확하게 셀 수도 있답니다. 48~59개월 아이들은 상위 개념(예: 과일)과 하위 개념(예: 사과, 바나나, 딸기)을 이해할 수 있어요. 또 2개 이상의 숫자를 보고 쓰며, 2 더하기 1을 계산할 수 있지요.

인지 발달 놀이를 하면 다음과 같은 효과를 볼 수 있어요.

- **시지각**: 눈으로 본 것을 자신의 경험을 바탕으로 의미 있게 해석하는 능력이에요.
- **위치 지각**: 어떠한 대상이 자신을 중심으로, 나아가 상대방을 기준으로 했을 때 어느 방향으로 얼마만큼의 거리에 있는지 판단하는 능력이에요.

- **기억력**: 과거의 경험을 머릿속에 새겨 두었다가 필요할 때 그 정보를 다시 떠올리는 능력이에요.
- **주의력**: 내가 좋아하는 일이 아닐지라도 한 가지 일에 집중해 몰두하는 힘이에요.
- **이해력**: 정보를 알려 준 대로 기억하는 데 머물지 않고, 그것을 스스로 해석하는 능력이에요.
- **수학적 사고**: 수나 도형, 비교와 분류 같은 수학적 개념이나 원리를 스스로 찾아내는 능력이에요. 논리적 사고의 기초가 되지요.
- **문제 해결력**: 일상생활의 중요한 문제들을 효과적으로 해결하는 능력이에요.

관계 발달 놀이

'관계 발달 놀이'는 주위 사람들과 사이좋게 지내는 것에 관심을 가지고, 자신이 속한 집단의 약속, 규칙, 예절 등을 이헤하며 사람들을 대하는 태도를 경험하는 놀이입니다. 이 영역이 잘 발달되면 주위 사람들의 말과 행동에 관심을 가지고, 또래와 양보하고 화해하는 등 갈등을 해결해 보는 아이로 자랄 수 있어요.

36~47개월 아이들은 주위 사람들을 만나면 반갑게 인사하고, 상황에 맞는 표현을 사용해요. 그리고 또래와 함께 놀이하는 것에 즐거움을 느끼지요. 48~59개월 아이들은 주위 사람들의 말과 행동을 잘 듣고 관찰하며 관심을 보여요. 또래와 화해하고 양보하는 등 갈등을 해결해 보면서 놀이하기도 하지요.

관계 발달 놀이를 하면 다음과 같은 효과를 볼 수 있어요.
- **애착**: 양육자 및 특정 대상과 관계를 맺으며 신뢰감을 형성하는 과정을 뜻해요.
- **조망 수용**: 나와 상대방의 생각, 감정을 구분하고, 상대방의 관점에서 이해할 수 있는 과정이에요.
- **친밀감**: 상대방과 공동의 관심을 가지고, 즐거움을 느끼며 가깝게 지내는 감정을 의미해요.
- **친사회적 행동**: 상대방을 돕고 배려하며 협력적인 모습을 보이는 긍정적인 행동을 말해요.
- **갈등 해결**: 상대방과의 다툼, 불편감에 적절하게 대처하며 해결해 가는 과정을 뜻해요.

- **사회적 규범 이해**: 여러 사람이 함께 지켜야 하는 약속을 알아가는 과정을 의미해요.
- **지시 따르기**: 나를 책임지고 있는 성인의 지시 및 사회적으로 지켜야 하는 규칙에 순응하며 따르는 과정을 말해요.

언어 발달 놀이

'언어 발달 놀이'는 다른 사람의 말을 주의 깊게 듣고, 상황과 의도에 맞게 내 생각을 말로 주고받을 수 있는 놀이입니다. 이 영역이 잘 발달되면, 다른 사람의 이야기를 듣고 말하는 것을 즐기는 아이로 자랄 수 있어요.

36~47개월 아이들은 세 단어 이상의 문장을 말할 수 있고, 순서에 따라 두 가지 일을 말할 수 있어요. 또 '바지, 뽀뽀, 딸기, 타조'처럼 /ㅂ/, /ㅃ/, /ㄸ/, /ㅌ/로 시작하는 단어들을 발음할 수 있답니다. 48~59개월 아이들은 두 문장 이상을 연결해 말할 수 있고, 일이 일어난 순서대로 이야기할 수 있어요. '누가, 언제, 왜' 등의 의문사를 사용해 물어보기도 하지요.

언어 발달 놀이를 하면 다음과 같은 효과를 볼 수 있어요.

- **어휘**: 얼마나 많은 단어를 알고 표현하는지를 뜻해요.
- **듣기**: 상대방의 말을 주의 깊게 듣고 이해하는 능력이에요.
- **말하기**: 언어를 사용할 때 필요한 규칙을 알고, 자신의 생각을 조리 있게 말하는 능력이에요.
- **발음**: 구강 기관을 통해 말소리를 정확하게 내는 능력이에요.
- **한글**: 글자의 소리를 알고 조합하며 읽고 이해하는 능력을 말해요.
- **쓰기**: 자신의 생각이나 느낌을 글로 표현하는 것을 말해요.
- **상황 언어**: 전체적인 상황과 상대방의 의도를 이해하고 말하는 것을 뜻해요.

정서 발달 놀이

'정서 발달 놀이'는 나와 다른 사람의 마음에 관심을 가지고 그에 맞는 행동을 선택하면서 나를 소중하게 생각하며 성장하는 과정을 경험하는 놀이입니다. 이 영역이 잘 발달되면, 나의 마음에 귀 기울여 이야기하는 것을 배우며 자랄 수 있어요.

36~47개월 아이들은 자신이 느낀 기분을 단어나 표정으로 표현해요. 성별, 나이, 좋고 싫은 것 등 자신을 이해하고 표현하는 모습도 많아지지요. 48~59개월 아이들은 자신이 느낀 감정이나 행동에 대한 이유를 알고, 간단하게 설명할 수 있어요. 또 자신의 외모나 겉모습 등으로 '나만의 특징'을 이해하고 설명할 수 있답니다.

정서 발달 놀이를 하면 다음과 같은 효과를 볼 수 있어요.

- **감정 어휘**: 마음속에서 일어나는 느낌, 기분에 대한 말과 뜻을 이해하는 것을 의미해요.
- **자기 감정 인식**: 내가 느끼고 있는 마음이 무엇인지 알아차리는 과정을 뜻해요.
- **타인 감정 인식**: 상대방의 말과 표정, 행동을 통해 어떠한 마음을 느끼고 있는지 알아차리는 과정을 뜻해요.
- **공감**: 상대방의 행동과 감정을 이해해 비슷한 감정을 경험하는 마음을 의미해요.
- **감정 조절**: 내가 느끼는 감정을 적절히 표현할 수 있는 과정을 말해요.
- **자아 존중**: 나를 이해하고, 스스로에 대해 긍정적으로 생각하는 감정과 태도를 의미해요.
- **주도성**: 스스로 하고 싶은 일을 선택하고 실천하며, 이에 대해 책임감을 가지는 의지와 행동을 말해요.
- **성취감**: 실패나 좌절을 딛고 꾸준히 시도하며 스스로의 유능을 느끼는 감정을 의미해요.

이렇게 놀이해 주세요

아이의 균형 잡힌 발달을 위해 발달 연령에 맞는 놀이를 영역별로 돌아가면서 함께해 보세요. 놀이를 통해 즐거움을 경험하고, 아이와 보호자 사이에 긍정적인 관계가 형성될 거예요.

아이마다 좋고 싫은 것, 잘하고 어려워하는 것이 다릅니다. 만약 우리 아이가 놀이를 너무 쉽게 하거나 반대로 너무 어려워한다면 TIP을 활용해 보세요. 아이 수준에 맞춰 더 즐거운 시간을 보낼 수 있을 거예요.

보호자 입장에서는 놀이를 할 때 아이와 어떻게 놀아야 할지 어떤 말을 해 주어야 할지 어려울 수 있습니다. 처음부터 잘하는 사람이 어디 있겠어요? 그럴 때에는 놀이 방법에 있는 문장을 그대로 읽어 주어도 괜찮습니다. 보호자 가이드도 한번 읽어 보세요. 아이가 매일매일 변화하고 성장하는 것처럼 보호자도 매일매일 변화하고 성장합니다. 상황에 따라 아이의 성향과 관심사는 달라질 수 있어요. 내일의 아이는 어떤 모습일지 기대하며 우리 함께 잘 키워 나가요.

3장

만4세
48 ~ 53 개월

나의 경험을 말로 표현할 때가 많아져요

4장

만4세
54 ~ 59 개월

친구들과 함께 뛰어노는 것이 즐거워요

> *발음 놀이(3)과 (4), 맞으면 O, 틀리면 X(2), 마트에 가요(2)는 『어떻게 놀아 줘야 할까 2』(만 5~6세(60~83개월) 편)에 수록되어 있습니다.

1장

만 3세(36~41개월)

움직이는 것이 즐겁고, 호기심 가득한 질문이 샘솟아요

지하철 탐험대

신체 놀이

놀이 효과

신체	자세 조절, 운동 계획
인지	위치 지각
관계	지시 따르기
언어	듣기
정서	성취감

놀이 소개

만 3세 무렵의 아이들은 움직임이 훨씬 능숙해집니다. 정해진 목적지를 향해 움직이는 것이 가능해지면서 세발자전거를 탈 수 있게 되고, 미끄럼틀을 거꾸로 기어오를 수도 있게 되지요. 이 시기의 아이들은 다양한 활동에 참여하면서 몸의 위치와 움직임을 아는 감각이 더욱 발달하게 돼요. '지하철 탐험대'는 자연스럽고 능숙한 움직임을 배우는 놀이랍니다.

준비물

여러 가지 색깔의 마스킹 테이프, 종이, 스탬프, 아이가 좋아하는 간식

놀이 목표

테이프 길을 벗어나지 않고 목적지에 도달할 수 있어요.

☺ 놀이 방법

1 아이에게 놀이에 관해 설명합니다. 이해를 돕기 위해 지하철 노선도를 보여 줍니다.
"지하철 타고 놀러 갔던 거 기억나? 우리 집에 지하철 길을 만들어 볼 거야."

2 바닥에 마스킹 테이프로 지하철 노선을 만듭니다. 지하철
노선도처럼 다양한 색으로 노선을 만들고, 선이 서로 만나는
지점도 만들어 봅니다.

> 😮 **주의 사항** 아이가 이동 중에 다칠 수 있는 딱딱하거나 뾰족한 물건들은 모두 치워 줍니다. 미끄러져 넘어지지 않도록 양말을 벗고 맨발로 놀기를 권합니다.

3 도착지마다 스탬프를 찍을 종이도 만듭니다.

4 출발점에 아이를 세우고 보호자가 도착할 곳을 지정해 줍니다. 아이는 보호자가 지정해 준 곳까지
테이프 위로만 걸어서 이동합니다.

5 지정한 곳에 무사히 도착하면, 종이에 스탬프를 찍어 줍니다. 종이에 스탬프를
모두 찍었다면, 아이가 좋아하는 간식과 교환해 줍니다.

☺ **TIP**

- 노선을 바꿔서 이동해야 하는 경우, 선과 선 사이에 사다리 모양으로 테이프를 붙여 길을 만듭니다. 환승을 위해 사다리 한 칸 한 칸을 두 발 뛰기로 이동합니다.
- 아이가 놀이를 어려워하면, 이동할 선의 굵기를 두껍게 만들어 줍니다. 길을 직선으로만 만들어도 괜찮습니다. 아이가 놀이에 익숙해지면, 길을 지그재그 모양이나 곡선으로 만듭니다. 도착 지점까지 도달하려면 여러 환승 코스를 거치도록 만듭니다.

> **보호자 가이드** 아이가 노선을 빠르게 이동하는 것보다 선 위에서 균형을 유지하면서 정확하게 이동할 수 있도록 격려해 주세요.
> "이야, ○○이는 노란 선으로만 잘 이동하는구나!"

숨은 개미 찾기

신체 놀이

놀이 효과

신체

정서 　　　　 인지

언어 　　 관계

신체	눈-손 협응, 감각 발달
인지	주의력
관계	친밀감
언어	발음
정서	성취감

놀이 소개

아이들은 탐색하고 경험한 것을 바탕으로 세상을 지각합니다. '지각'이란 내부와 외부 환경으로부터 들어오는 정보를 통합하고 해석하는 능력이에요. 그중 '입체 인지 지각'은 시각적인 도움 없이 촉각만으로 물건을 알아내는 것을 말합니다. '숨은 개미 찾기'는 다양한 식재료 속에 숨어 있는 건포도를 더듬더듬 손으로 만지거나 입으로 맛보면서 찾아내는 활동이에요. 이 놀이는 사물의 특성을 이해하고, 촉각 구별 능력을 발달시키는 데 도움을 준답니다.

준비물

셀러리 또는 오이, 건과일, 건포도, 크림치즈 또는 꾸덕꾸덕한 제형의 식재료(땅콩 잼, 그릭 요구르트 등), 접시

놀이 목표

손의 촉각을 이용해서 사물을 찾을 수 있어요.

😊 놀이 방법

1 셀러리의 잎을 제거하고 세로로 길게 자릅니다. 셀러리 대신 오이를 사용할 경우, 세로로 길게 자르고 씨를 파냅니다. 건과일은 건포도 크기로 작게 자릅니다.

> 🐨 **주의 사항** 향에 민감한 아이에게는 셀러리 대신 향이 비교적 적은 재료를 줍니다. 또한 알레르기를 유발하는 재료에 주의해야 합니다.

2 셀러리 줄기의 빈 곳에 듬성듬성 건포도와 건과일을 넣고, 그 위를 크림치즈로 덮어 둡니다. 완성품 5개를 준비합니다.

3 건포도가 숨겨진 셀러리 줄기와 건포도 한 알을 보여 주면서 아이에게 놀이 방법을 설명해 줍니다.

4 건포도를 개미라 지칭하고, 개미가 줄기 안에 숨어 있으니 찾아보자고 제안합니다.

5 아이가 크림치즈를 손으로 파서 숨겨진 건포도를 찾아보게 합니다.

😊 TIP

- 손을 사용하지 않고 입술과 혀로만 숨겨진 건포도를 찾아볼 수도 있습니다. 아이가 건포도를 넣고 보호자가 크림치즈를 덮거나, 반대로 아이가 크림치즈를 덮는 방식으로 놀이를 진행해도 됩니다.
- 셀러리를 작게 자릅니다. 크림치즈를 접시에 펴 바른 후 앞서 자른 재료들을 활용해서 얼굴, 자연물, 장난감 등 원하는 그림을 그려 봅니다.

> **보호자 가이드** 음식물을 이용한 촉각 놀이는 깔끔한 것을 좋아하는 보호자에게는 큰 도전일 수 있어요. 하지만 아이가 손으로 사물을 파악하고 다루는 일은 촉각과 정서 발달에 긍정적인 영향을 줍니다. 주방이 조금 더러워지더라도 아이와 같이 즐겨 주세요.

만3세 출동 동물 구조대

36 ~ 41 개월

신체 놀이

놀이 효과

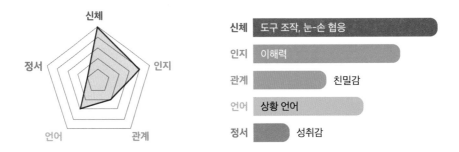

신체	도구 조작, 눈-손 협응
인지	이해력
관계	친밀감
언어	상황 언어
정서	성취감

놀이 소개

만 3세가 된 아이들은 상상력이 풍부해집니다. 어른들의 행동을 따라 해 보기도 하고, 다른 친구들과 협력해서 역할 놀이를 하는 등 성숙한 모습을 보이지요. 이 시기에는 상상력을 자극할 수 있는 놀이나 놀잇감을 제공하는 것이 좋아요. '출동 동물 구조대'는 욕실에 있는 용품들을 활용해서 동물들을 구해 주는 놀이입니다. 아이의 상상력은 의외로 정교한 시판 장난감보다 매일 보는 단순한 생활용품에서 더 날개를 달기도 한답니다.

준비물

욕실용 동물 인형, 무독성 수성 물감, 미끄럼 방지 매트, 버블 클렌저, 분무기(또는 샤워기, 작은 통), 욕조 또는 커다란 통

놀이 목표

도구를 사용해서 동물 인형을 이동시킬 수 있어요.

😊 놀이 방법

1 욕실용 동물 인형에 미리 물감을 묻혀 놓습니다. 물이 더러워져서
더러운 연못에 들어간 동물들을 구출해야 한다고 설명해 줍니다.
"앗, 연못이 더러워졌어. 그런데 동물들이 더러운 연못에서
수영했대. 우리가 동물들을 깨끗하게 해 주자!"

> 👻 **주의 사항** 욕실 바닥에 미끄럼 방지 매트를 깔아
> 둡니다.

2 동물 인형에 버블 클렌저를 짜고 분무기로 거품을 제거합니다. 분무기를 조작하는 것이 어려운
경우에는 샤워기나 작은 통을 사용해 물을 뿌려도 좋습니다.

3 깨끗해진 동물 인형을 안전한 곳으로 이동시킵니다. 욕조나 커다란 통에 동물 인형을 띄우고
분무기를 뿌려서 동물 인형을 욕조 끝으로 이동시킵니다.

😊 TIP

• 동물 인형을 이동시키기 위해 분무기의 물줄기를 분사가 아닌,
일자로 나오게 조정합니다.

• 아이가 분무기를 사용하는 것을 어려워한다면, 동물 인형을 이
동시킬 때 입으로 불어서 보내도 괜찮습니다.

보호자 가이드 감각이 예민한 아이는 옷에
무언가가 묻거나 물에 젖는 것이 불편할 수
있습니다. 그냥 참으라고 하지 말고, 아이
의 불편한 마음을 읽어 주세요. 아이가 좀
더 편안하게 놀이에 참여할 수 있는 방법을
고민해 주세요.

파리 먹는 개구리

신체 놀이

놀이 효과

신체	감각 발달, 구강 운동
인지	주의력
관계	지시 따르기
언어	발음
정서	성취감

놀이 소개

혀와 입술, 턱과 뺨을 움직이는 것을 '구강 운동'이라고 합니다. 구강의 움직임은 아이가 음식을 먹거나 말을 하는 데 굉장히 중요해요. '파리 먹는 개구리'를 통해 혀를 다양하게 움직여서 입 주변에 묻어 있는 음식물을 먹어 보면 입과 입 주변에 대한 인식을 높일 수 있습니다. 이런 신체 인식은 움직임을 계획하고 조절하는 것을 도와주어서 언어 표현과 음식 섭취에도 긍정적인 영향을 미친답니다.

준비물

입 주변에 묻혀 줄 수 있는 재료(잼, 초콜릿 스프레드, 젤리 등), 길쭉한 과자, 커다란 접시, 거울

놀이 목표

혀를 이용해서 입 주변에 묻은 간식을 먹을 수 있어요.

☺ 놀이 방법

1 개구리가 파리를 먹는 방법에 관해 아이와 이야기를 나눕니다. 영상을 함께 보거나 보호자가 시범을
보여 주면 됩니다.

2 개구리로 변해서 똑같이 음식을 먹을 것이라고 말합니다.

3 준비 운동으로 준비한 노래에 맞춰 혀를 움직여 봅니다. <호키포키 노래>를 개사하면 좋습니다.
"다 같이 혀를 안에 넣고 혀를 밖에 내고 혀를 안에 넣고 힘껏 흔들어. 다 같이 혀를 안에 넣고 혀를
밖에 내고 똑딱똑딱 호키포키 호키포키 호키포키 신나게 춤추자!"

4 아이의 입 주변에 잼, 초콜릿 스프레드, 젤리 등을 묻혀 주고,
혀를 이용해서 먹도록 합니다.

☺ TIP

- 젤리를 제일 먼저 먹게 합니다. 혀를 움직이다 떨어뜨릴 수 있기 때문입니다. 젤리를 손으로 뜯으면 가위로 자른 것보다 접착력이 좋아집니다.
- 길쭉한 과자를 준비합니다. 과자를 입술에 물고 손 없이 입만 사용해서 과자를 먹습니다. 커다란 접시에 다양한 젤리, 잼 등을 놓고 서로 골라 주는 음식만 먹는 방법도 있습니다.

보호자 가이드 아이가 잘하지 못하면, 먼저 입술에 묻혀 주고 먹어 보게 하거나 거울을 보면서 먹어 보도록 난이도를 조정해 주세요. 보호자가 함께 활동에 참여해서 시범을 보여 주는 것이 가장 좋습니다.

셀로판지 놀이

신체 놀이

놀이 효과

신체	도구 조작, 감각 발달
인지	시지각
관계	친밀감
언어	어휘
정서	성취감

놀이 소개

재료의 특성에 따라 다루는 방법도 달라집니다. 다양한 특성을 가진 재료를 많이 사용해 볼수록 아이들의 손 기술도 발달해요. 이 시기의 아이들은 무엇인가를 만들어서 다른 사람에게 보여 주는 활동을 좋아합니다. '셀로판지 놀이'처럼 오리고 붙이는 활동은 눈과 손의 협응 능력을 발달시키고, 손의 움직임과 힘을 조정할 수 있게 돕는답니다.

준비물

검은색 도화지, 가위, 손 코팅지 2장 이상, 셀로판지, 투명한 우산, 검은색 테이프, 분무기

놀이 목표

가위로 모양을 따라 오릴 수 있어요.

☺ 놀이 방법

1 검은 도화지에 아이가 좋아하는 모양으로 구멍을 오려 모양 틀을 만듭니다.

주의 사항 가위 사용 시 보호자가 옆에서 지켜봅니다.

2 손 코팅지의 필름을 벗겨서 접착 면을 도화지의 검은색 면에 붙여 놓습니다.

3 도화지에 뚫린 모양을 따라 코팅지의 접착 면이 노출된 상태로 준비를 완료합니다.

4 아이에게 셀로판지의 특성을 설명해 줍니다. 셀로판지를 눈에 댑니다. 셀로판지를 통해 다른 색으로 보이는 세상을 구경해 봅니다.

5 셀로판지를 작은 조각으로 자릅니다. 자른 셀로판지를 준비해 놓은 모양 틀의 접착 면에 붙입니다.

6 남은 코팅지 하나를 전체적으로 덮어 주고 꼼꼼히 문질러 붙입니다.

7 셀로판지 색이 드러난 부분을 모양에 맞춰 오립니다.

☺ TIP

- 셀로판지는 두께가 얇아서 아이가 원하는 대로 오리기 쉽지 않습니다. 가위질할 때 보호자가 셀로판지를 움직이지 않게 잡아 줍니다.
- 액자, 부채, 썬캐쳐도 만들 수 있습니다. 투명한 우산에 셀로판지를 오려 붙여 우산을 꾸밀 수도 있습니다. 창문에 검은색 테이프로 테두리를 만들고 분무기로 물을 뿌리면 셀로판지를 붙일 수 있습니다. 빛이 통과해서 보이는 색을 아이와 함께 관찰합니다.

보호자 가이드 아이의 표현을 도와줄 수 있는 재료들을 함께 찾아보세요. 목표한 그대로 아이가 만들기를 하지 않아도 괜찮습니다. 아이가 재료를 탐색하고 활용해서 새로운 것을 마음껏 만들어 보도록 격려해 주세요.

수리수리 마수리 얍!

인지 놀이

놀이 효과

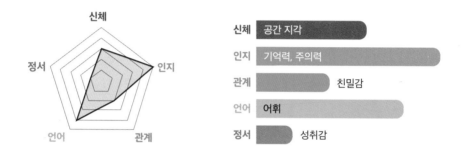

신체	공간 지각
인지	기억력, 주의력
관계	친밀감
언어	어휘
정서	성취감

놀이 소개

이 시기의 아이들은 주변 사람들의 행동을 적극적으로 따라 하는 모방 학습이 활발히 이루어집니다. 이런 모방을 통해 문제 해결 능력을 습득할 수 있어요. '수리수리 마수리 얍!'은 사라졌다, 나타났다 하는 사물을 관찰하는 주의력과 기억력 향상뿐만 아니라 변한 점을 발견하는 인과 관계를 이해할 수 있는 놀이입니다. 어떤 물건이 없어지고 나타났는지 말해 보면서 어휘력도 향상된답니다.

준비물

가림막(물건이 가려질 만한 크기의 상자, 가방, 바구니 등), 아이에게 익숙한 물건들(식기류, 장난감, 액세서리 등)

놀이 목표

사물을 관찰하고 변한 점을 발견해 인과 관계를 이해할 수 있어요.

☺ 놀이 방법

연습 놀이

1 보호자와 아이 사이에 가림막을 놓습니다.

2 눈을 감고 마법의 주문을 외치면 물건이 생겨날 것이라고 설명합니다.

3 마법의 주문을 알려 주고 함께 외쳐 봅니다.
"수리수리 마수리 얍!"

4 아이가 주문을 외치면 물건을 가림막 뒤에 놓습니다. 가림막을 치워 어떤 물건이 생겼는지 말합니다.

본 놀이

1 물건을 2~3개 놓고, 아이에게 어떤 물건이
있는지 확인해 보도록 합니다.

2 물건을 가림막으로 가리고, 아이가
주문을 외우도록 합니다.

3 하나의 물건을 더 추가해 놓고, 어떤
물건이 새로 생겨났는지 아이에게
물어봅니다.

4 아이가 잘 기억한다면, 한 번에 2개 이상의 물건을
추가해 봅니다.

☺ TIP

• 반대로 여러 개의 물건을 놓고 주문을 걸어 사라진 물건을 찾아
봅니다.
"마법 때문에 물건이 없어졌어. 뭐가 없어졌을까?"

보호자 가이드 아이가 이름을 잘 아는 물
건들로 활동하면 좋아요. 아이가 무엇이 생
기거나 없어졌는지 대답하지 못했을 때, 이
름을 몰라서 대답하지 못한 것은 아닌지 확
인해 보아야 합니다. 잘 모르는 물건이라면
이름을 알려 주어서 어휘를 확장해 주세요.

짝꿍을 찾아라

인지 놀이

놀이 효과

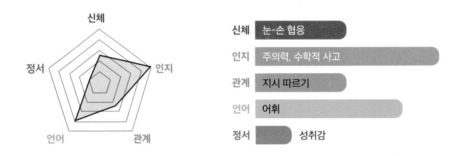

신체	눈-손 협응
인지	주의력, 수학적 사고
관계	지시 따르기
언어	어휘
정서	성취감

놀이 소개

이 시기의 아이들은 분류의 기준이 되는 상위 개념을 명확하게 알지 못해도 나름대로 비슷한 속성이나 특징을 찾아 모읍니다. 이것을 '범주화'라고 해요. 이런 분류는 사물이 가지고 있는 속성과 특징 등을 파악해야 가능합니다. 예를 들어 다양한 동물 사진을 보고 상위 개념인 '동물'도 이해할 수 있어야 하고, 동물 중에서도 육지에 사는 동물인지, 물에서 사는 동물인지, 또 알을 낳는지, 새끼를 낳는지 등 기준에 따라 구분할 수 있어야 해요. 아이는 '짝꿍을 찾아라'를 통해 스스로 기준을 찾으면서 분석력과 관찰력을 키울 수 있답니다.

준비물

아이가 잘 아는 사물의 그림(비교적 윤곽 형태가 분명한 것), 그림의 윤곽을 본뜬 그림자 그림, 동식물 카드, 가족들의 양말

놀이 목표

분류 기준에 따라 사물을 분류할 수 있어요.

☺ 놀이 방법

그림과 그림자 짝꿍 찾기

1 그림과 그림자 그림을 준비합니다. 물건 그림은 인쇄하고 검은 색종이를 덧대어 함께 오리면 그림자 그림을 쉽게 만들 수 있습니다.

2 아이에게 그림과 같은 그림자 찾기 놀이를 할 것이라고 설명합니다.
"사과가 있네. 사과 그림자는 어디 있는지 찾아볼까?"

3 그림을 보고 그림자를 찾거나 그림자를 보고 어떤 사물인지 그림을 찾아봅니다.

4 사물 그림들을 보고 보호자가 기준을 세워 공통점이 있는 것끼리 모아 봅니다.
"같은 색깔끼리, 먹을 수 있는 음식끼리, 사용하는 장소끼리 나누어 보자."

동식물 카드 짝꿍 찾기

1 여러 동식물 카드를 나열합니다.

2 아이에게 서로 공통점이 있는 것끼리 분류해 보라고 합니다.

3 아이에게 왜 그렇게 분류했는지 이유를 물어보고, 기준에 관해 이야기를 나누어 봅니다.

양말 짝꿍 찾기

1 여러 짝의 양말을 준비해 흩어 놓은 후 같은 색 양말끼리 모아 봅니다.

2 크기별로 엄마 것, 아빠 것, 아이 것을 모은 후 옷장에 각각의 양말을 정리합니다.

☺ TIP

• 처음에는 분류 대상을 3~4개로 시작해서 개수를 점차 늘려 갑니다.

보호자 가이드 보호자가 생각하는 분류와 아이가 생각하는 분류가 다를 수 있습니다. 그렇다면 아이의 기준이 무엇인지 이야기를 나누고, 우선 공감해 주세요. 그 후 속성을 파악하고 기준을 잡을 수 있도록 도와주세요

크기에 맞춰 착착착!

인지 놀이

놀이 효과

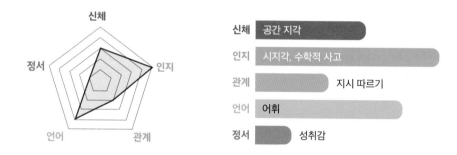

신체	공간 지각
인지	시지각, 수학적 사고
관계	지시 따르기
언어	어휘
정서	성취감

놀이 소개

아이들은 생활 속에서 자연스럽게 물체들을 비교합니다. '~보다 크다', '~보다 작다'의 크기 비교는 유아들에게서 일찍부터 흔히 나타나요. 만 3세는 크기를 비교하는 기술과 능력이 나타나는 시기입니다. 그래서 크기, 길이, 양, 무게 등의 수학적 개념을 익히기에 적절하지요. 아이는 '크기에 맞춰 착착착!'을 통해 물체의 특정한 속성에 기준을 두고, 물체들 간의 관계를 파악해서 비교하는 능력과 수학적 개념이 향상될 수 있답니다.

준비물

크기가 서로 다른 상자 3개, 크기가 서로 다른 풍선 3개

놀이 목표

물건의 크기를 비교할 수 있어요.

☺ 놀이 방법

1 상자는 한쪽만 열려 있는 상태로 만들어 놓고, 풍선은 미리 불어 둡니다.

2 아이에게 풍선을 보여 주고, 만지고 팅기며 놀게 합니다. 풍선의 크기에 관해 이야기를 나누고, 작은 것부터 순서대로 나열해 봅니다.

3 크기가 다른 상자 3개를 보여 주고 차이점을 찾아봅니다.

4 손이나 발을 넣어 보거나 머리에 써 보며 몸으로 크기를 느껴 봅니다.
"이건 작아서 손가락 두 개만 들어가네.", "이건 커서 발이 다 들어가네."

5 가장 작은 상자와 가장 큰 상자를 골라 크기 순서대로 놓게 합니다.
'작다, 크다, 중간이다' 등 크기에 대한 어휘도 함께 알려 주면
좋습니다.

6 작은 상자에는 작은 풍선을, 큰 상자에는 큰 풍선을
1:1로 넣어 봅니다.

7 아이가 1:1로 잘 넣는다면, 상자를
무작위로 섞어 크기에 맞는 풍선을
넣어 보도록 합니다.

숫자야 놀자

인지 놀이

놀이 효과

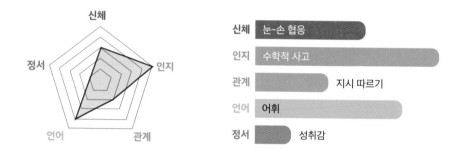

신체	눈-손 협응
인지	수학적 사고
관계	지시 따르기
언어	어휘
정서	성취감

놀이 소개

'수 개념'이란 수량, 부피, 크기에 대해 생각하고 순차적·조직적으로 사고하는 것을 말합니다. 아이들은 수 개념을 이해하면서 숫자를 세고, 읽고, 쓰고, 더하고, 빼는 일상적 활용을 터득해요. 수에 대한 인식은 논리적 사고의 기초이기도 하지요. '숫자야 놀자'는 수 개념의 기초 과정인 '수량 지각하기'를 바탕으로 만든 놀이예요. 숫자를 의미 없이 기계적으로 외우기보다는 수량에 대한 감을 익히는 것이 수 개념 형성에 더 효과적이랍니다.

준비물

숫자 카드, 종이 접시 또는 종이컵, 필기구, 블록, 숫자 스티커, 종이

놀이 목표

1~10까지의 수 개념을 익힐 수 있어요.

☺ 놀이 방법

숫자 카드

1 아이에게 숫자 카드를 주고, 1~10까지 순서대로 배열하도록 합니다.

2 1~10까지 뒤에 오는 수를 말해 봅니다.
"2 다음에는 어떤 수가 와야 할까?"

블록 넣기

1 종이 접시나 종이컵에 숫자를 쓰고, 그 숫자만큼 블록을 넣어 봅니다.

2 반대로 블록을 아이에게 주어 수를 세고 숫자를 쓰게 합니다. 쓰기가 어렵다면,
숫자 스티커를 붙이거나 숫자 카드를 찾아봅니다.

활동지

1 보호자가 1~10까지 숫자를 써 주면 아이가 그 위에 따라
써 봅니다.

2 1~10까지의 숫자 스티커를 종이 이곳저곳에
랜덤으로 붙입니다. 아이는 1부터 순서대로 수를
이어 선을 연결해 봅니다.

☺ TIP

• 아이가 1부터 10까지 의미 없이 말한다면, 수 개
념을 이해하고 있다고 보기 어렵습니다. 1보다는
2가 크고, 10보다는 5가 적다는 것을 이해해야 1
부터 10까지의 수 개념을 이해했다고 볼 수 있습
니다. 아이가 활동지에 흥미를 보이지 않는다면,
손으로 조작할 수 있는 구체적인 물건을 준비하
거나 신체 활동으로 수 개념을 익혀 볼 수 있도록
합니다.

보호자 가이드 유아는 가만히 앉아서 한 과제를 보며 집중해
야 하는 학습지를 어려워할 수 있습니다. "엄마(아빠)가 직접
만든 문제야."라고 말하며 학습지에 의미를 부여해 주거나 "엄
마(아빠)가 선생님이 되어 볼게."라고 말하며 역할 놀이 형식
을 만들면 집중을 유지할 수 있어요. 아이가 적극적으로 참여
한다면, 아이가 선생님이 되어 보호자에게 설명해 보도록 도
와주세요. 아이가 기억한 것을 직접 설명하면, 개념을 더 확실
하게 이해하는 데 도움이 됩니다.

패턴 놀이

인지 놀이

놀이 효과

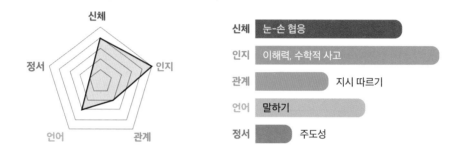

신체	눈-손 협응
인지	이해력, 수학적 사고
관계	지시 따르기
언어	말하기
정서	주도성

놀이 소개

'패턴'은 일정하게 반복되는 규칙성을 말합니다. '패턴 놀이'는 규칙을 이해하고 다음에 올 패턴을 추론하는 놀이예요. 주어진 패턴의 규칙을 알아차리고, 손으로 조작할 수 있는 사물들을 이용해서 단순 모방으로 패턴을 배열하게 되지요. 이 과정은 추리력, 사고력, 기억력 발달에 도움을 줄 수 있답니다.

준비물

그릇 또는 바구니, 패턴 만들기에 필요한 물건들(블록, 시리얼, 콩, 숏 파스타, 퐁퐁이 등)

놀이 목표

규칙성을 이해하고, 단순한 모방을 통해 사물로 패턴을 배열할 수 있어요.

☺ 놀이 방법

1 사물을 각각 한 종류씩 모아서 담은 그릇이나 바구니 3~4개를 준비합니다.

2 아이와 함께 주변에 있는 다양한 패턴(예: 벽지, 상표, 포장지, 옷)들을 찾아보고 이야기를 나눕니다.

3 보호자가 제시한 그릇 안의 물건을 보고, 이름을 말하고, 특징을 알아봅니다. 아이에게 규칙 놀이를 할 것이라고 설명합니다.

4 보호자는 그릇에 담긴 물건으로 패턴을 만듭니다.(예: 블록-시리얼-블록-시리얼)

5 패턴을 살펴보고 아이에게 다음에 와야 할 물건이 무엇인지 찾아 놓아 보도록 합니다.
"시리얼 다음은 블록이니까 블록을 놓아야 해요"

6 아이가 패턴을 이해했다면 아이에게 새로운 패턴을 만들어 보게 하고, 보호자가 패턴을 이어 퀴즈 맞히기 활동을 해 봅니다.

☺ **TIP**

• 아이가 구체적인 사물의 패턴을 잘 이해한다면, 활동지나 그림 등 시각적인 단서만으로 패턴을 찾을 수 있도록 합니다. 처음에는 2~3개의 도형이나 사물(예: 콩-시리얼-단추-콩-시리얼-단추)부터 시작해 점점 복잡하고 어려운 패턴(예: 콩-색연필-시리얼-단추-콩-색연필-시리얼-단추)을 제시합니다.

보호자 가이드 아이가 처음 패턴을 접한 것이라면 이해하기 어려울 수 있어요. 두 가지 이상의 모양이 규칙적으로 여러 번 반복되는 것이 '패턴'이라는 것을 알려 주세요. 아이가 패턴을 이해했더라도 순서대로 나열하는 것보다 다양한 물건을 놓아 보는 것을 원할 수도 있어요. 아이와 준비한 물건들로 얼굴이나 모양을 만들어 보면서 충분히 물건을 탐색할 시간을 가진 후에 패턴 놀이를 할 수 있도록 유도해 주세요.

빨대 탁구

관계 놀이

놀이 효과

신체	구강 운동
인지	주의력
관계	애착, 친밀감
언어	발음
정서	성취감

놀이 소개

이 시기의 아이들은 자율성과 주도성이 발달합니다. 스스로 해 보고 싶은 일도 많고, 정해진 규칙과 지시에 순응하며 갈등하는 모습이 보일 수 있어요. '빨대 탁구'는 아이들이 비교적 다루기 쉬운 탁구공을 소재로 한 놀이입니다. 선을 넘겨 보는 간단한 규칙을 따르면서 자신감과 성취감을 기르는 데 도움이 되지요. 보호자와 아이가 공을 주고받으며 자연스레 시선을 교환하고, 서로에게 집중하는 시간이 될 수 있답니다.

준비물

탁구공, 좌식 책상, 전기 테이프, 빨대, 커다란 쇼핑백

놀이 목표

규칙을 이해하고 수행해 성취감을 느낄 수 있어요.

☺ 놀이 방법

1 놀이 도중 탁구공이 다른 곳으로 굴러가기 쉬우므로 주변을 블록, 책, 쿠션 등으로 막아 경기장처럼 만듭니다.

2 아이에게 탁구공을 보여 주고, 공의 특성을 경험하게 합니다.

3 아이와 마주 엎드린 상태로 탁구공을 입으로 불어 주고받아 봅니다.

4 좌식 책상에 전기 테이프로 선을 붙이고, 이 선을 넘어서 서로에게 공을 보내 주는 놀이를 할 것이라고 설명합니다. 아이와 함께 공을 주고받는 놀이를 해 봅니다.

5 빨대를 이용해 공을 상대방에게 보내 주기도 하고, 공을 빨대로 불어 목표 지점 안에 골을 넣는 등 성취감을 느낄 만한 경험을 해 봅니다.

> **주의 사항** 아이가 빨대를 너무 깊이 물지 않게 합니다.

☺ **TIP**

• 아이가 놀이를 어려워할 경우, 공을 손으로 굴리는 연습부터 하자고 해 보세요. 공을 굴려 상대방에게 닿기만 해도 성공이라고 말해 주세요. 목표 지점에 공을 넣기가 어렵다고 말할 경우, 커다란 쇼핑백 안에 공을 넣어 보라고 해 보세요.

• 가족 구성원을 팀으로 나누어 공 주고받기 놀이를 할 수도 있고, 두 개의 탁구공을 동시에 주고받을 수도 있습니다.

보호자 가이드 아이들은 순서를 지키기보다 마음대로 노는 것을 더 원할 수도 있습니다. 이럴 때는 아이에게 최소한의 순서만 지키고, 원하는 대로 편안하게 공을 불어서 움직여도 된다고 말해 주세요. 또 탁구공이 이리저리 움직이면 다루기가 어려울 수도 있습니다. 처음부터 공간의 범위를 정해 주면 아이가 자신의 힘과 행동을 조절하는 데 큰 도움이 됩니다. 혼내거나 반칙의 개념을 알려 주는 것은 자제하고, 아이와 눈을 맞추며 즐거운 시간을 보내 주세요.

포근한 이불 놀이

관계 놀이

놀이 효과

신체	감각 발달
인지	이해력
관계	애착, 친밀감
언어	상황 언어
정서	공감

놀이 소개

아이들은 평소 자신이 사용하는 이불의 촉감에서 편안함과 안정감을 느낍니다. 많은 아이에게 애착 이불이 있는 이유도 이와 같아요. '포근한 이불 놀이'는 편안한 촉감을 제공하는 이불을 사용하는 활동이에요. 보호자와 아이는 스킨십을 통해 친밀감을 쌓을 수도 있답니다.

준비물

이불, 폭신한 놀잇감

놀이 목표

부드러운 촉감 경험과 긴장감 이완을 통해 친밀감을 쌓을 수 있어요.

😊 놀이 방법

1 이불을 펼쳐 놓고 굴러다닐 수 있는 공간을 마련합니다. 이불을
활용해 즐거운 놀이를 할 것이라고 아이에게 말합니다.

😮 **주의 사항** 주변에 아이가 다칠 수 있는 물건들은
치워 줍니다.

2 아이에게 이불 안에 함께 들어가서 누워 보고 싶은 폭신한
놀잇감들을 가져오라고 합니다. 김밥 재료라고 이야기하며 하나씩 올려서 돌돌 말고, 아이 스스로
움직여 풀어 보게도 합니다.

3 이불 한쪽에 아이를 바로 눕힙니다. 아이가 누워 있는 쪽부터 조심스레 이불을 말아 '이불 김밥'을
만듭니다.

4 이불을 풀고 아이를 안습니다. 보호자와 함께 이불에
다시 눕습니다. 다시 이불을 말아 함께 '이불 김밥'
안으로 들어가 봅니다.

5 아이를 이불 위에 앉히고 끌어 주며 썰매 타기를
합니다. 아이가 좋아하는 물건들을 담아 함께
끌며 썰매를 태우면 됩니다.

6 썰매를 태운 놀잇감들과 함께 우리만의 공간인
'이불 집'을 만들어 보자고 합니다. 아이에게
어떻게 하면 이불 집을 만들 수 있을지 의견을
물어본 후 블록이나 의자 등에 이불을 덮어
이불 지붕이 있는 집을 만듭니다. 역할 놀이를
곁들이면 더욱 좋습니다.

😊 TIP

• 아이가 애착 이불을 자신만 소유하고 싶은
마음에 타인이 만지거나 펼쳐 놓는 것을 싫
어할 수도 있습니다. 이불 놀이를 할 것이라
고 알려 준 다음, 활동에 사용할 이불을 아이
에게 선택하게 해 주면 아이가 놀이에 쉽게
마음을 열 수 있습니다.

• 다른 가족이 함께할 수 있다면, 두 사람이 이
불 양쪽 끝자락을 잡고 펴서 올렸다가 바닥
에 앉은 아이 위로 낙하산처럼 내려오게 해
아이를 감싸는 놀이를 해 볼 수 있습니다.

보호자 가이드 아이가 놀이를 너무 편안하게 느낀 나머지 행동
조절이 어려울 수도 있습니다. 아이에게 "이불 김밥 3번만 하고
정리해 보자.", "썰매에서 소리가 나면 아래층이 시끄러우니 폭신
한 것들을 태워 보자." 등 놀이에 대한 최소한의 구조를 정할 수
있도록 도와주세요. 이런 작은 구조화 과정은 훈육이나 불필요한
언쟁을 줄이고 즐겁게 노는 데 도움이 됩니다. 이 과정에서 보호
자의 생각을 일방적으로 통보하기보다는 "이불 김밥 놀이를 3번
정도 해 보고 싶은데 몇 번 정도면 좋을 것 같아?" 등 의견을 미리
물어서 조절하고 반영하는 기회를 주는 것이 좋아요. 아이는 이런
질문에 답변하면서 규칙에 대한 결정권을 이해하게 되며, 책임감
과 성취감을 기를 수 있답니다.

손가락 과자로 마음을 전해요

관계 놀이

놀이 효과

신체	눈-손 협응
인지	시지각
관계	애착, 친밀감
언어	상황 언어
정서	공감

놀이 소개

이 시기의 아이들은 보호자와 맺은 친밀한 관계 경험을 기초로 선생님, 또래들과 어울리며 관계를 다양하게 확장해요. 아이는 '손가락 과자로 마음을 전해요'를 통해 손가락에 꽂은 과자를 보호자에게 먹여 주면서 신체적 거리가 가까워지고 눈 맞춤을 합니다. 또한 일방적으로 보호자의 돌봄을 받던 입장에서 벗어나 서로 돌봐 주는 경험을 통해 깊은 친밀감을 쌓게 되지요. 서로의 마음이 전해지는 놀이를 통해 아이와 보호자 간의 친밀감과 애착이 더욱 단단해질 수 있답니다.

준비물

손가락에 끼울 수 있는 과자, 줄, 물티슈

놀이 목표

보호자와 아이가 서로 돌봐 주는 경험을 통해 친밀감을 키울 수 있어요.

☺ 놀이 방법

1 아이에게 서로 과자를 먹여 주는 놀이를 할 것이라고 안내합니다. 손가락에 끼울 수 있는 과자들을 준비해 보여 줍니다.

2 보호자가 먼저 과자를 손가락에 끼워서 움직여 보고 인사해 보며 아이에게 과자를 탐색할 시간을 줍니다. "손가락이 모자를 썼나?", "두 번째 손가락 친구의 과자 모자는 조금 더 동그랗게 생겼네?" 등의 말로 아이의 관심을 유도합니다.

3 아이의 손가락 2~3개에 과자를 하나씩 끼워 줍니다. "손가락에 있는 과자는 어떤 맛인 것 같아?"

4 보호자가 자신의 손가락 10개에 과자를 모두 끼웁니다. 과자를 아이의 입에 한 개씩 쏙쏙 넣어 줍니다. "엄마(아빠) 손가락의 과자가 모두 다 들어왔네! 손가락 모양이 어떻게 된 것 같아?", "엄마(아빠)가 ○○이 입에 과자를 쏙쏙 넣어 줄 거야. 어떤 손가락 친구가 먼저 출발하고 싶어 할까? 출발!"

5 아이가 입에 있는 과자를 천천히 씹도록 기다려 줍니다. 역할을 바꾸어 아이의 손가락에 과자를 끼워 준 후 보호자의 입에 하나씩 넣어 달라고 합니다.

6 보호자가 과자를 다 먹고 나면 새로운 과자를 입에 넣어 달라고 부탁합니다. 서로 먹여 줄 때 마음이 어땠는지 물어보며 이야기를 나눕니다.

7 과자를 손가락에 끼우고 모양을 만들어 서로 과자 반지를 만들어 주고, 줄에 과자들을 끼워 과자 목걸이를 만들어 선물합니다. 놀이가 끝난 후 서로 손을 물티슈로 닦아 주고 손을 마사지합니다.

보호자 가이드 아이들은 보호자의 돌봄을 받으며 성장하지만, 보호자에게 과자를 먹여 주는 과정을 통해 타인을 돌봐 주는 감정을 학습하게 됩니다. 또한 보호자와 정서적인 교감도 쌓을 수 있지요. 감정 표현이 활발하고 호불호가 분명한 아이의 경우, 이런 놀이를 통해 눈 맞춤, 돌봄의 경험을 키워 나갈 수 있어요. 이런 경험은 훗날 아이가 타인과 정서적인 교감을 나누는 데 도움이 됩니다.

사랑스러운 너의 손과 발

관계 놀이

😊 놀이 효과

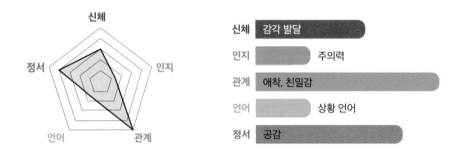

신체	감각 발달
인지	주의력
관계	애착, 친밀감
언어	상황 언어
정서	공감

😊 놀이 소개

아이들은 보호자의 손길을 느낄 때 심리적으로 이완되며 편안해집니다. 특히 로션을 발라 주는 행동은 부드럽고 따뜻한 촉감을 느끼도록 해 주지요. '사랑스러운 너의 손과 발'은 로션을 도구로 하는 편안하고 따뜻한 촉감 놀이입니다. 아이가 태어났을 때 손과 발의 모습부터 지금까지 자란 아이의 모습에 대한 사랑이 가득 담긴 언어적 표현이 더해지면, 감정을 교류하고 친밀감을 높일 수 있어요.

😊 준비물

로션, 색지, 물수건, 색연필, 가위

😊 놀이 목표

부드러운 촉감을 느낄 수 있어요. 아이와 보호자가 서로의 특별함을 찾아 말로 표현함으로써 긍정적인 관계를 도모할 수 있어요.

☺ 놀이 방법

1 아이와 보호자가 손바닥과 발바닥을 맞대어 보고, 서로의 손과 발 크기를 비교하며 이야기를 나눕니다.

2 아이의 손바닥에 로션을 듬뿍 바른 후 색지 위에 로션 바른 아이의 손을 올려놓습니다. 아이의 손등을 보호자의 손바닥으로 부드럽게 꼭꼭 눌렀다가 색지에서 아이의 손을 살짝 떼어 냅니다. 발바닥에도 로션을 바르고 같은 과정을 반복합니다.

> **주의 사항** 로션을 바르면 발이 미끄러우니 다치지 않도록 주의합니다.

3 물수건으로 아이의 손과 발에 묻은 로션을 닦으며 손발 마사지를 해 줍니다. 보호자와 번갈아 가며 손과 발을 찍어 봅니다.

4 아이의 손과 발로 하는 행동들에 관해 언어적 칭찬을 해 줍니다. 아이가 좋아하는 동물이나 캐릭터를 언급하며 "손가락이 꼭 토끼의 쫑긋거리는 귀 같아! 너무 사랑스러운데?"라고 말해도 좋고, "손가락 모양이 사자 갈기처럼 멋있는데?"라고 말해도 좋습니다. 혹은 아이와 보호자의 공통점을 찾아 이야기를 나누어도 좋습니다. "아빠의 손과 너무 닮아서 아빠는 마음이 뭉클해!", "엄마도 두 번째 발가락이 더 긴데 엄마랑 쌍둥이 같다. 우리 똑같다!"라고 말하는 것이지요.

5 아이의 행동과 성장에 대한 격려를 해 주면 더 좋습니다. "이렇게 예쁜 손으로 종이도 접고 그림도 그리고 만들기도 하고 너무 기특해!", "아기 때는 발이 이만했는데 지금은 이렇게 크다니!"

☺ **TIP**

• 촉감에 민감한 아이들은 놀이를 시작하기 어려울 수 있습니다. 놀이 전에 서로 손과 발을 씻겨 주는 과정을 넣어 보세요. 그러면 아이가 놀이를 편안하게 느끼게 될 것입니다.

• 로션 바른 손과 발을 찍고, 그 위에 색연필로 윤곽을 따라 그린 다음 오립니다. 가족 손바닥으로 꽃이나 다양한 조형물을 만들 수도 있습니다.

보호자 가이드 아이의 손을 만지면서 보드라운 촉감에 대해 이야기해 주세요. 평소 아이의 손을 잡고 다닐 때도 보호자의 마음을 표현해 주면 더 좋습니다. 발을 만질 때는 아이의 발이 얼마나 작았는지, 얼마나 크게 성장했는지 알려 주고, 누워만 있던 발이 기어 다니다가 걸음마할 때는 모습이 어떻게 달라졌는지 들려주세요. 그러면 아이는 보호자의 애정 어린 마음을 더욱 깊이 느낄 수 있답니다.

등 대고 으쌰으쌰

관계 놀이

놀이 효과

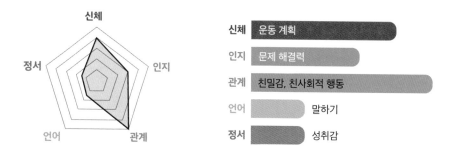

신체	운동 계획
인지	문제 해결력
관계	친밀감, 친사회적 행동
언어	말하기
정서	성취감

놀이 소개

이 시기의 아이들은 경쟁심이 발달합니다. 게임을 하면 1등을 하려고 하고, 뭘 하든 자신이 제일 먼저 하고 싶어 하지요. 이런 시기에 함께 협력하는 즐거움을 경험하고, 결과보다 과정을 즐겁게 느끼게 해 준다면 또래와의 관계에서도 경쟁보다는 협력하는 아이로 성장하는 기회가 됩니다. '등 대고 으쌰으쌰'는 등을 맞대고 공동의 목표를 달성하기 위해 서로 협력하는 놀이예요. 함께 협력하는 즐거움을 몸으로 직접 느끼면서 결과보다는 과정이 즐겁다는 것을 경험할 수 있답니다.

준비물

테이프

놀이 목표

함께 공동의 목표를 달성하는 즐거움을 경험할 수 있어요.

😊 놀이 방법

1 실내에 테이프로 출발선과 반환점을 표시해 둡니다. 아이에게 등 씨름에 관해 설명해 줍니다.

2 아이와 보호자가 서로 등을 맞대고 앉아서 등을 밀어 봅니다.

> 😮 **주의 사항** 이동하면서 다칠 만한 주변 물건들을 미리 정리해 둡니다.

3 서로 등을 밀어서 누가 더 멀리 보내는지 시합하며 등 씨름을 경험해 봅니다.

4 각자 상대방의 힘을 어떻게 느꼈는지 표현해 보고, 출발선에서 반환점까지 등으로 서로 밀면서 이동해 보자고 합니다.

5 게임에 대한 느낌을 말해 봅니다.

6 가족 구성원끼리 파트너를 정해 게임해 보아도 좋습니다.

보호자 가이드 아이와 어른은 힘의 차이가 클 수밖에 없습니다. 이 때문에 아이가 속상해하는 모습을 보일 수도 있어요. 보호자가 힘을 조절하고 분배해 아이에게 성취감을 주는 경험도 필요합니다. 아이와 등을 맞대고 서로 밀면서 아이가 몸이 커지고 힘이 세졌다는 사실을 언어로 표현하며 격려해 주세요. 그러면 아이는 놀이를 더욱 열심히 하게 될 것입니다.

후~ 하고 불면

놀이 효과

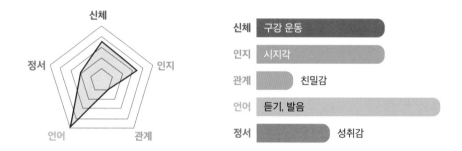

놀이 소개

이 시기의 아이들은 호흡과 입술, 혀 기능이 함께 발달하고, 의성어나 의태어와 같이 재미있는 소리에 관심을 두고, 연관된 단어를 습득하면서 어휘력을 확장합니다. '후~ 하고 불면'은 입술과 얼굴 근육 등을 사용하는 놀이이므로 발음을 정확하게 내는 데 도움을 줄 수 있어요. 또 목표물에 해당하는 의성어나 의태어를 잘 들어야 하기 때문에 단어와 문장을 이해하고 표현하는 데 도움을 주지요. 더 나아가 아이가 목표물을 보고 쓰러뜨려야 하기 때문에 시각적으로 잘 관찰하고 주의 깊게 살피는 능력도 함께 향상될 수 있답니다.

준비물

좌식 책상, 비눗방울, 동물 종이, 코끼리 피리(또는 빨대, 비닐, 테이프)

놀이 목표

호흡 및 구강 근육 기능을 증진하고, 어휘를 발달시킬 수 있어요.

☺ 놀이 방법

1 동물 종이를 준비합니다. 두꺼운 도화지에 동물을 그리거나 동물이 인쇄된 종이 끝을 살짝 접어 세울 수 있도록 합니다.

2 좌식 책상에 비눗방울, 동물 종이, 코끼리 피리 또는 빨대와 비닐을 올려 둡니다. 아이와 책상 앞에 나란히 앉습니다. 보호자가 먼저 비눗방울을 붑니다. 아이가 관심을 보이면 아이도 비눗방울을 불어 보게 합니다.

> **주의 사항** 비눗방울이 아이의 입에 들어가지 않도록 주의합니다. 아이가 비눗물에 미끄러지지 않도록 바닥을 확인합니다.

3 비눗방울을 다 분 뒤에는 코끼리 피리도 불어 보게 합니다. 코끼리 피리가 없으면 빨대에 비닐을 테이프로 붙여서 피리를 만들고, 불면 커질 수 있게 합니다.

> **주의 사항** 코끼리 피리를 너무 많이 불면 어지러울 수 있으니 주의합니다.

4 아이가 코끼리 피리에 익숙해져 잘 불면 동물 종이를 준비합니다. 동물을 세울 부분은 여유를 두고 자른 뒤 접어서 세웁니다. 이때 동물의 간격을 넉넉하게 둡니다.

> **주의 사항** 동물 그림을 오릴 때는 안전 가위를 사용하거나 보호자가 오립니다. 가위를 사용한 후에는 아이의 손에 닿지 않게 치워 줍니다.

5 준비가 끝나면 아이에게 의성어 퀴즈를 냅니다. 아이가 정확히 듣고 동물 그림을 코끼리 피리로 불어서 쓰러뜨렸다면 칭찬해 줍니다.
"어흥 하는 동물은 누구지?", "음메~ 어디 있지?"

☺ TIP

- 아직 입술의 모양을 만들거나 부는 힘이 약해서 피리 불기가 어려울 수 있습니다. 뽀뽀하는 입술 모양을 만들거나 미소 짓기 등의 활동을 먼저 해 볼 수 있습니다. 동물 수는 처음에는 2~3마리 정도로 시작했다가 아이가 잘하면 4~5마리로 준비합니다.

보호자 가이드 아이가 소리를 무서워하거나 갑자기 커지는 것에 놀랄 수 있어요. 그러면 처음에는 도구들을 보여만 주거나 아이가 만질 수 있다면 만져 보게만 해 주세요. 아이가 적응할 시간을 충분히 주는 것이 좋습니다. 이때 "아무것도 아닌 걸 가지고 왜 그래?", "이거 아무것도 아니야. 얼른 만져 봐."라고 말하면서 아이를 다그치지 않아야 합니다. 아이가 만져 본 뒤에 "우와, 용기를 내서 만져 봤구나.", "만져 봤더니 어때? 괜찮았어?" 같이 응원하는 말을 해 주세요. 아이가 놀이에 익숙해지면, 아이 스스로 불어 보게 하세요. 또 아이가 스스로 불고 잘 듣고 쓰러뜨렸을 때 "음메가 거기 있었지!", "부니까 넘어졌네. 진짜 잘 분다." 등의 칭찬을 아낌없이 해 주세요.

만 3 세
36 ~ 41 개월

너는 내 짝꿍
언어 놀이

놀이 효과

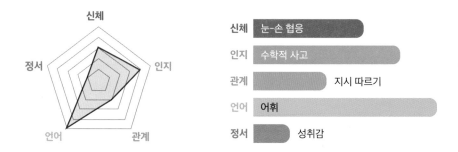

신체	눈-손 협응
인지	수학적 사고
관계	지시 따르기
언어	어휘
정서	성취감

놀이 소개

이 시기의 아이들은 사물의 이름을 알고 쓰임새를 이해합니다. 물건의 용도를 듣고 사물을 가리키거나 말할 수도 있지요. '너는 내 짝꿍'은 함께 쓰일 수 있는 사물끼리 짝을 지으며, 기능을 이해하고 어휘를 확장하는 놀이예요.

준비물

짝이 되는 사물 또는 사물 카드(치약과 칫솔, 숟가락과 젓가락, 물과 컵, 옷과 옷걸이, 색연필과 스케치북, 실과 바늘 등), 좌식 책상

놀이 목표

사물의 용도를 이해하고, 쓰임새가 비슷한 물건끼리 분류할 수 있어요.

😊 놀이 방법

1 짝이 되는 사물 또는 사물 카드를 섞어서 좌식 책상 위에
올려놓습니다. 아이에게 물건의 짝을 찾아볼 것이라고 설명합니다.

😮 **주의 사항** 실제 사물을 활용하는 경우, 위험한 물건은 제외합니다.

2 사물 또는 사물 카드를 들고 이게 무엇인지, 어디서 보았는지 등에 관해
이야기를 나눕니다. 아이가 잘 모르는 사물이 있다면, 어떻게 쓰는 것인지 설명해 줍니다.

3 치약을 들고 칫솔, 숟가락, 옷걸이를 보여 줍니다. 치약은 어떤 것과 함께 쓰이는지 찾아보자고
합니다. 이런 방식으로 물건의 짝을 모두 찾아봅니다. 처음에는 4가지 중에 고르도록 하고, 점차 물건
가짓수를 늘려 줍니다.

4 물건의 짝을 찾을 때마다 왜 짝이 되는지
생각하고, 각 사물의 기능에 관해
이야기하며 활동을 마무리합니다.

😊 **TIP**

- 아이가 놀이에 사용한 사물의 짝을 모두 이해하고 찾는다면,
놀이에 사용한 사물 외에 집에 있는 다른 사물의 짝도 찾으라
고 해 봅니다.
- '너는 내 짝꿍' 놀이에 익숙해지면 과일, 동물, 사물의 반쪽 그림
을 찾아 붙이는 '너는 내 반쪽' 놀이를 할 수도 있습니다. 보호자
가 직접 과일, 동물, 사물의 그림을 그린 후 가위로 모양을 오립
니다. 그림을 반쪽으로 자른 후 아이에게 반쪽만 보여 주고, 다
른 반쪽을 찾아보자고 합니다. 반쪽을 찾아서 그림에 함께 붙
여 주면 됩니다.

보호자 가이드 놀이 전, 아이가 사물의 이
름을 제대로 알고 있는지 점검하고, 사물
이름부터 이해하고 표현할 수 있도록 해 주
세요. 아이가 잘 아는 친숙한 사물로 놀이
를 시작해 주의를 끌어야 합니다. 그래야
놀이 중 모르는 사물이 나와도 아이가 호
기심을 잃지 않고 활동에 집중할 수 있답
니다.

너 어디 있니?

언어 놀이

놀이 효과

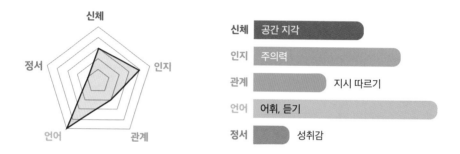

신체	공간 지각
인지	주의력
관계	지시 따르기
언어	어휘, 듣기
정서	성취감

놀이 소개

이 시기의 아이들은 '위, 아래, 앞, 뒤, 옆, 안, 밖'과 같은 위치 개념을 이해하고, 언어로 표현하는 방법을 배우게 돼요. 아이가 '너 어디 있니?'를 통해 공간이나 위치와 관련된 어휘를 습득하면, 자신이 속한 주변 환경을 언어로 표현하는 방법을 알게 된답니다.

준비물

인형, 상자, 여러 물건

놀이 목표

위치와 관련된 단어를 말할 수 있어요.

☺ 놀이 방법

1 인형과 상자를 준비합니다. 아이에게 인형과 상자를 보여 주며, 인형이 어디에 있는지 말해 보는 놀이를 할 것이라고 설명합니다.

2 "인형을 상자 안에 넣을게."라고 말하며, 인형을 상자 안에 넣습니다.

3 아이에게 "인형을 상자 앞에 놓아 줘."라고 말합니다. 아이가 '앞'이라는 개념을 제대로 이해하고 인형을 상자 앞에 놓는지 확인합니다.

4 아이가 말을 올바르게 이해한다면, 이번에는 5~10개 정도의 다른 물건들을 집 안 곳곳에 둡니다. 아이에게 "소파 위에 ☆☆ 찾아 줘. ○○은(는) 의자 위에 있어. △△은(는) 식탁 밑에 있어." 등의 말을 하며 물건을 찾아보라고 합니다. 아이가 이해하기 어려워한다면, 바로 정답을 알려 주기보다는 스스로 생각할 수 있도록 기다린 다음에 정답을 알려 줍니다.

5 아이가 지시하고, 보호자가 지시를 따라도 됩니다.

☺ TIP

• '앞, 뒤' 등의 단어가 들어간 노래를 임의로 만들어 해당 단어가 들리면 그대로 행동하는 활동으로 확장할 수도 있습니다. '위에 올라가기, 앞에 서기, 뒤로 가기' 등의 행동을 지시해 보세요.

보호자 가이드 아이가 말을 이해하지 못해도 시도하려는 행동을 칭찬해 주세요. "○○이가 이렇게 하다니! 대단하다. 멋져!"라고 격려해 주세요. 다시 한번 자연스럽게 시범을 보이고, 아이가 놀이를 이해할 수 있도록 이끌어 주세요.

나는 무엇일까요?

언어 놀이

놀이 효과

신체	공간 지각
인지	이해력
관계	친밀감
언어	듣기, 말하기
정서	주도성

놀이 소개

이 시기의 아이들은 크기나 색깔 등 특성에 따라 사물을 분류하고, 사물에 관한 질문도 하게 됩니다. '나는 무엇일까요?'는 물건의 특징을 설명하는 말을 듣고, 그 물건을 찾는 놀이예요. 이 활동을 통해 주의 깊게 듣고, 사물의 특징과 문장을 이해하는 힘을 키울 수 있습니다. 또 순서를 바꿔 보호자에게도 설명하면서 문장 표현력도 키울 수 있지요. 더 나아가 물건을 잘 찾기 위해 주변을 살피다 보면 관찰력과 주의력이 향상되고, 알맞은 물건을 찾아왔을 때 성취감도 느낄 수 있답니다.

준비물

장난감, 일상에서 쓰는 물건

놀이 목표

사물의 기능이나 특징을 이해하고, 수용 언어 능력을 발달시킬 수 있어요.

☺ 놀이 방법

1 설명할 물건을 잘 보일 만한 곳에 둡니다.

2 아이에게 퀴즈를 냅니다.
"잘 듣고 이 물건을 찾아 줘."

3 아이에게 물건의 특징을 설명합니다. 생활용품이라면 행동과 연관 지어서 이야기하면 됩니다. 예를 들어 칫솔은 "이건 밥을 먹고 나서 필요한 거야. 치약을 묻혀서 이를 닦을 때 쓰지."라고 설명하고, 양말은 "신발을 신기 전에 발에 신는 거야."라고 설명합니다. 동물 장난감이 있다면 동물의 특징을 말해 줍니다. 코끼리라면 "이건 동물이야. 코가 길어."라고 설명해도 좋고, 티라노사우루스라면 "얘는 다른 공룡들을 잡아먹어. 날카로운 이빨이 있어."라고 말해도 좋습니다.

4 아이에게 물건을 찾아보라고 합니다.

> 😮 **주의 사항** 아이가 물건을 찾으러 다닐 때 미끄러지거나 넘어지지 않도록 살핍니다.

5 아이가 잘 찾아왔다면 칭찬해 주고, 역할을 바꿔서 아이에게 문제를 내 보라고 해도 됩니다.

☺ TIP

- 처음부터 너무 긴 문장으로 설명하면, 아이가 집중하지 못할 수 있습니다. 처음에는 쉽고 간단한 문장을 사용하는 것이 좋습니다. 아이가 놀이에 익숙해지면, 기능이 명확한 물건보다는 특징을 설명해야 하는 동물 장난감이나 과일, 채소 등을 찾아보게 합니다.

- 처음에는 사물의 특징을 듣고 말로만 대답할 수도 있습니다. 답을 알아도 물건을 찾는 것이 귀찮고 힘들 수 있기 때문입니다. 이럴 때는 가까이에 있는 물건 위주로 문제를 내도 좋고, 처음부터 장난감을 근처에 두고 놀이를 시작하는 것이 좋습니다. 반대로 아이가 놀이를 너무 쉽게 느낄 때는 아이와 조금 떨어져 있는 곳에 장난감을 두거나, 현재 있는 곳이 아닌 다른 장소에서 물건을 가져올 수 있도록 해 주세요.

- 역할을 바꿀 때는 일부러 아이가 설명한 것과 다른 물건을 가져와 봅니다. 아이가 물건을 더 자세하게 설명할 수 있도록 유도해 봅니다.

> **보호자 가이드** 아이가 물건을 잘 찾는다면 "역시 우리 아이야, 너 진짜 멋지다."라고 칭찬하기보다는 "잘 찾았구나. 아까 말을 집중해서 들어 주더라."라고 칭찬하는 것이 좋아요. 결과보다는 과정을 칭찬하는 것이지요. 과정 자체를 인정받는다는 느낌이 들어야 아이가 놀이를 조금 더 편안하게 즐기게 된답니다.

발음 놀이(1)

언어 놀이

놀이 효과

신체 — 구강 운동
인지 — 주의력
관계 — 지시 따르기
언어 — 발음, 듣기
정서 — 성취감

놀이 소개

이 시기의 아이들은 /ㅂ/, /ㅃ/, /ㄸ/, /ㅌ/ 소리가 들어간 단어와 문장을 정확하게 소리 내 말할 수 있게 됩니다. '발음 놀이(1)'은 보호자가 아이의 발음 정도를 확인하기에 유용하며, 아이의 언어 자신감 향상에도 도움이 된답니다.

준비물

목표 단어 그림 또는 단어 카드, 칭찬 스티커, 스티커 판, 보물 상자, 그림을 자른 퍼즐

놀이 목표

/ㅂ/, /ㅃ/, /ㄸ/, /ㅌ/ 소리를 정확하게 발음하고 자신 있게 말할 수 있어요.

목표 단어 예시

/ㅂ/	단어
1단계	밤 발 비 봄 불 붓 배 뱀 북 밥
2단계	바다 바지 비누 버스 보물 부채 배낭 나비 냄비 두부 튜브 보라색 비행기 부엉이 바나나
3단계	반팔 밥솥 볼링 번개 붕대 블록 로봇 화분 수박 거북 반바지 키보드 꽈배기 햄버거
4단계	소방차 수영복 도마뱀 금붕어 애벌레 북두칠성 바이올린 케이블카 오토바이 반딧불이 텔레비전 스케치북 무당벌레 횡단보도 엄지발가락

/ㅃ/	단어
1단계	빠 삐 뿌 빼 뽀 쁘 뻐 빵 뿔 뻥 뽕
2단계	뿌리 뽀뽀 아빠 오빠 뿌리다 빠르다 빠지다 빼빼로 뻐꾸기 뼈다귀
3단계	빵집 빨대 빨래 김밥[김빱] 호빵 식빵 깃발[기빨] 이빨 짬뽕 빨간색 떡볶이[떡뽀끼] 돋보기[돋뽀기] 기쁘다 예쁘다
4단계	물방울[물빵울] 제빵사 팥빙수[팥삥수] 코뿔소 멜빵바지 반딧불이[반디뿌리] 뾰족하다 삐악삐악 사뿐사뿐 뻐꾹뻐꾹

/ㄸ/	단어
1단계	따 띠 뚜 때 또 뜨 떠 땀 똥 떡
2단계	뚜껑 떼다 늑대[늑때] 빨대[빨때] 뜨개질 뜨겁다 때리다 허리띠 낚싯대[낙씨때] 전봇대[전보때]
3단계	딸기 딱지 땅콩 떡국 맷돌[매똘] 굴뚝 호떡 꽃다발[꼳따발] 목도리[목또리] 핫도그[핟또그] 깍두기[깍뚜기] 오뚝이[오뚜기] 메뚜기 널뛰기
4단계	딱따구리 땅따먹기[땅따먹끼] 개똥벌레 북두칠성[북뚜칠썽] 뚱뚱하다 낭떠러지 따뜻하다 장독대[장똑때] 따라가다 뛰어가다

/ㅌ/	단어
1단계	타 티 투 태 토 터 트 탑 턱 톱
2단계	타조 토끼 트럭 터널 튜브 하트 파티 낙타 봉투 태권도 태극기 놀이터 아파트 토마토
3단계	택시 탁구 통장 튤립 사탕 물통 손톱 커튼 깃털 탕수육 탬버린 넥타이 저금통 솜사탕 도토리
4단계	세탁기 텔레비전 오토바이 손톱깎이 스파게티 요구르트 안전벨트 스케이트 미끄럼틀 쓰레기통 배드민턴 헬리콥터 엘리베이터 트라이앵글 롤러스케이트

☺ 놀이 방법

1 자음 /ㅂ/, /ㅃ/, /ㄸ/, /ㅌ/ 중에서 하나를 고른 다음, 1~4단계 목표 단어 중 5~10개씩 골라 그림이나 단어 카드를 준비합니다. 그림은 휴대폰으로 검색한 사진 등으로 활용이 가능합니다.

2 보호자는 아이에게 따라 말하는 앵무새 놀이라고 소개합니다. 1단계 목표 단어를 하나씩 천천히 들려주면서 아이에게 따라 말해 보라고 합니다.

3 2단계 목표 단어 중 5~10개를 그림과 함께 보여 주면서 아이에게 따라 말해 보라고 합니다. '바아~ 다', '비이~누'처럼 부드럽게 연결해서 들려줍니다. 적혀져 있는 단어 순서대로 따라 하게 하지 않아도 됩니다.

4 3단계 목표 단어 중 5~10개 그림을 뒤집어서 펼쳐 놓고 하나씩 뒤집으며 보호자가 말하면 아이가 따라 말하게 합니다.

5 4단계 목표 단어 중 5~10개를 그림과 함께 보여 주면서 아이가 따라 말하게 합니다. 아이가 놀이를 잘 따라 하면, 칭찬 스티커를 주며 스티커 판에 붙이게 해도 좋습니다.

- 다음과 같은 서브 놀이를 진행해도 좋습니다.

구강 기능 강화 놀이

1 코 아래쪽부터 윗입술까지 엄지손가락으로 누르면서 쓸어 줍니다. 양옆으로도 쓸어 줍니다.

2 오른쪽과 왼쪽 볼을 번갈아 가며 손바닥으로 입술 아래부터 대각선 위쪽으로 쓸어 올립니다.

3 입술에 힘을 주면서 뽀뽀 흉내를 약 10회 정도 냅니다.

4 뽀뽀뽀 노래를 부릅니다. 뽀뽀뽀 소리에 /ㅁ/, /ㅂ/, /ㅍ/ 소리도 넣어서 '뽀뽀뽀, 모모모, 보보보, 포포포'와 같이 노래를 불러 봅니다.

5 입술을 다물고 볼을 부풀려 10초 이상 유지합니다.

6 한쪽 볼에만 공기를 넣고 10초 이상 유지합니다. 반대쪽 볼도 똑같이 유지해 봅니다.

발음 보물찾기

1 따라 말하기 한 그림을 집 안 곳곳에 숨기고 찾도록 합니다.

2 찾은 그림을 말하면, 미리 준비한 보물 상자에 넣습니다.

퍼즐 게임

5~10개 그림을 인쇄해 2조각씩 잘라서 퍼즐을 만듭니다. 아이가 어려워하는 발음 그림 30%, 쉬워 하는 발음 그림 70% 정도로 구성하는 것이 좋습니다.

보호자 가이드 아이의 발음이 부정확할 때 보호자가 "그게 아니야. 다시 말해 봐. 못 알아듣겠어." 등처럼 다그치고 강요한다면, 아이는 말하는 자신감을 상당히 잃을 수 있습니다. 평소 보호자가 해당 음소가 들어간 단어를 크게 강조해 들려주면, 아이는 자연스레 자신의 소리와 다름을 알아차리고 정확하게 해 보려고 노력할 거예요. 또 이 시기에는 /ㄱ/, /ㄲ/, /ㄴ/, /ㄷ/, /ㄹ/, /ㅅ/, /ㅆ/, /ㅈ/, /ㅉ/, /ㅊ/, /ㅋ/ 소리를 내는 게 어려울 수 있기 때문에 본 활동의 목표 음소가 아닌 소리를 정확하게 내라며 아이에게 무리하게 요구하면 안 됩니다.

보호자가 아이에게 정확한 발음을 요구하며 단어를 음절로 쪼개어 따라 하라고 하는 경우가 있습니다. 그러면 아이가 소리를 끊어서 말하는 등 부자연스러운 발음을 구사하게 될 수도 있어요. 보호자는 단어 전체를 천천히 들려주면서 아이가 자연스럽게 발음할 수 있도록 이끌어 주어야 합니다. 예를 들어 '바다'는 "바! 따라 해 봐. 다! 따라 해 봐."라고 끊어 말하는 것보다는 "바아~다."라고 이어서 말하는 것이 훨씬 좋아요. 아이가 만 3세 후반이 될 때까지 목표 음소가 들어간 소리를 정확히 발음하지 못하면, 전문가에게 상담을 받아 보는 것이 좋습니다.

만 **3** 세

36 ~ 41
개월

전화로 나를 소개해요

정서 놀이

놀이 효과

신체	감각 발달
인지	이해력
관계	친밀감
언어	상황 언어
정서	자아 존중, 주도성

놀이 소개

이 시기의 아이들은 자신의 나이나 성별 등 '변하지 않는 나의 특징'을 인식하며 자아 개념을 형성해 갑니다. 내가 몇 살인지, 여자인지 남자인지, 나의 아빠, 엄마는 어떤 사람인지 등을 알아가는 과정은 자신을 이해하는 데 도움이 돼요. 아이는 '전화로 나를 소개해요'를 통해 종이컵 전화기로 자기를 소개하고, 자기가 좋아하는 것들에 관해 이야기하면서 자신을 보다 명확하게 이해할 수 있습니다. 이 과정에서 보호자가 보여 주는 반응으로 존중받는 경험을 더하게 돼요. 이는 아이의 긍정적인 자아 인식과 자존감 형성에 도움이 된답니다.

준비물

종이컵, 실, 숫자 스티커, 아이가 좋아하는 장난감 또는 물건, 장난감 전화기

놀이 목표

나를 소개하며 나 자신을 인식할 수 있어요.

😊 놀이 방법

1 아이와 종이컵으로 실 전화기를 만듭니다.

2 전화기에 아이가 좋아하는 번호를 숫자 스티커로 붙이고, 번호를 눌러 봅니다.

3 전화기 소리를 들으며 "여보세요. 누구세요?"라고 말하면서 전화 놀이를 합니다.

4 보호자가 전화기로 인터뷰하듯 질문을 던집니다. 아이는 자신을 소개하면 됩니다. "누구세요?", "몇 살인가요?", "여자인가요, 남자인가요?", "무슨 색깔을 좋아하나요?", "만화에서 누가 제일 좋아요?" 라는 식으로 질문을 던지면 됩니다.

😊 **TIP**

• 아이가 보호자에게 질문하고, 보호자가 대답하는 식으로 놀이를 진행해 보세요. 아이가 좋아하는 장난감이나 물건을 의인화해서 놀아도 좋습니다.

보호자 가이드 아이 입장에서는 스스로 자신을 소개하기가 어려울 수 있습니다. 최대한 즐겁게 질문해 주시고, 아이도 보호자에게 질문하도록 해 보세요. 장난감 전화기로 다른 장난감에게 전화해 보는 역할 놀이를 해도 좋습니다. "나는 곰돌이야.", "나는 자동차야. 바퀴도 있어." 등처럼 상상으로 소개하면 됩니다.

몽글몽글 마음 놀이
정서 놀이

😊 놀이 효과

신체	감각 발달	
인지	이해력	
관계		갈등 해결
언어		상황 언어
정서	자기 감정 인식, 감정 조절	

😊 놀이 소개

감정을 조절하려면 먼저 내 감정을 알아차리고 이해해야 합니다. 그런데 같은 '화'라도 어떤 날은 부글부글 터져 버릴 것 같은 때가 있는가 하면, 어떨 때는 조금 출렁거리다가 사그라질 때도 있어요. 아이는 '몽글몽글 마음 놀이'를 통해 감정의 정도를 거품 양으로 표현하게 됩니다. 아이는 눈으로 보이지 않는 감정을 눈으로 보게 됨으로써 일상 속 불편한 감정들에 대해 조금 더 깊이 이해할 수 있어요. 또한 토닥토닥 해 주면 작아지는 거품을 보며, 감정은 줄어들기도 하고 조절해 갈 수도 있다는 것을 이해하게 된답니다.

😊 준비물

김장용 놀이 매트, 거품 물감 여러 색, 물을 담은 대야 또는 통, 물을 옮길 컵, 미술 놀이 트레이

😊 놀이 목표

자신이 경험한 불편한 감정들과 강도를 이해할 수 있어요.

☺ 놀이 방법

1 놀이 매트에 앉아서 아이가 경험해 보았을 다양한 상황에 관해 이야기를 나누어 봅니다.(예: 엄마에게 혼이 났을 때, 친구가 장난감을 만졌을 때, 선생님이 내 이야기를 들어 주지 않았을 때 등) 이런 상황에서 어떤 감정을 느꼈는지 이야기를 나누어 봅니다.

2 상황에 따라 다양한 감정을 느낄 수 있다는 것에 관해 이야기를 나눕니다. 하나의 상황을 정하고 그때 어떤 감정이 들지 감정에 따른 거품 물감의 색깔을 정해 봅니다.

3 그 상황에서 얼마만큼 감정을 느꼈는지 거품 물감을 짜는 횟수로 트레이 안에 표현하도록 합니다. "서운함을 느꼈던 마음을 거품으로 짜 볼 거야. 서운한 마음이 아주 많았으면 거품을 세 번 눌러서 짜고, 서운하긴 했지만 괜찮았다면 한 번만 눌러서 짜 보자. 중간 정도면 두 번만 짜 보자."

4 아이와 함께 거품을 손으로 토닥토닥 해 보면서 거품들이 줄어드는 것을 바라봅니다.
"우리의 마음도 누군가 토닥토닥 위로해 주거나 공감해 주면 몽글몽글 올라온 것이 가라앉기도 해. ○○이가 느꼈던 불편한 감정들이 완전히 사라지지는 않아. 하지만 이렇게 조절해 나갈 수 있단다."

5 거품들을 이용해 손도 닦고 거품 놀이도 해 봅니다.

☺ TIP

- 아이와 샤워하기 전에 자연스럽게 이야기를 나누며 놀이할 수도 있습니다.
- 아이가 비누 거품 만지는 것을 어려워하거나 미끌미끌한 감각을 싫어할 수 있습니다. 처음에는 보호자가 시범을 보여 주세요. 이후 재미있는 언어 자극을 주면서 아이가 놀이에 서서히 익숙해지도록 해 주세요. 아이가 충분히 익숙해진 상태로 놀이를 시작하면 한껏 칭찬해 주세요. 에너지가 많은 아이의 경우, 빨리 물감 놀이를 하고 싶어서 보호자와 소통을 주의 깊게 하지 않을 수도 있습니다. 그럴 경우 놀이 매트 밖에서 상황 카드에 관해 이야기를 끝내고, 이야기에 충분히 공감해 준 다음 활동을 시작해 주세요.

보호자 가이드 만 3세 무렵의 아이를 키우는 보호자는 아이가 타인에게 피해를 줄까 봐 아이에게 이런저런 잔소리를 하고, 행동을 제한하는 경우가 많습니다. 이 놀이를 할 때만큼은 아이에게 충분히 공감해 주세요. 아이가 속상했던 경험이나 화났던 경험을 이야기할 때 "정말 너무 속상했겠다. 엄마(아빠)도 너무 속상했을 것 같아."라고 말해 주세요.

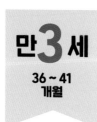

만 3 세

36 ~ 41 개월

커져라, 비눗방울

정서 놀이

😊 놀이 효과

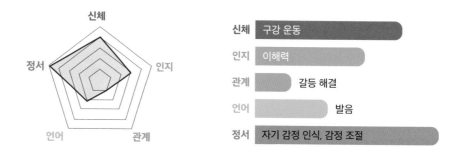

신체	구강 운동	
인지	이해력	
관계		갈등 해결
언어		발음
정서	자기 감정 인식, 감정 조절	

😊 놀이 소개

아이들은 감정 조절을 하고 싶어도 그 과정이 너무 어렵습니다. '커져라, 비눗방울'은 감정이 표출되려고 할 때 잠시 행동을 멈추고 감정을 조절하는 법을 알려 주는 놀이예요. 화가 날 때 바로 화를 표현하기보다 비눗방울을 커다랗게 부는 것처럼 천천히 호흡을 조절하라고 가르쳐 준다면, 아이가 자신의 감정을 조절하고 표현하는 데 도움이 될 수 있답니다.

😊 준비물

비눗방울

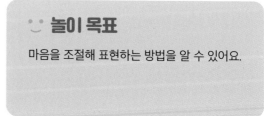

😊 놀이 목표

마음을 조절해 표현하는 방법을 알 수 있어요.

😊 놀이 방법

1 아이와 함께 화, 속상함, 걱정, 무서움 등을 느낄 때 어떻게 표현했었는지 이야기를 나누어 봅니다.

2 마음을 잘 조절하는 방법이 필요하다는 것에 관해 이야기를 나눕니다.

3 아이와 함께 비눗방울을 불면서 호흡하는 과정에 관해 말해 줍니다.
"어떻게 하면 마음을 진정하며 숨을 쉴 수 있을까? 비눗방울로 알려 줄게. 비눗방울을 후~ 불면 방울이 많이 생기지? 여기에 길게 숨을 내쉬면 방울이 점점 커지네. 어때, ○○이도 한번 해 볼래?"

4 마음을 잘 조절하기 위해 비눗방울을 크게 부는 것처럼 집중해서 숨을 쉬어 보도록 합니다. 이렇게 숨을 쉬고 나면 마음이 진정된다는 것에 관해 이야기를 나눕니다.

보호자 가이드 아이에게 "울지 말고 말로 해 봐."라고 말해도, 아이는 "그렇게 하고 싶은데 자꾸 눈물부터 나."라고 대답하기도 해요. 아이들에게 감정을 조절해서 이야기하는 방법은 참 어렵습니다. 놀이를 한다고 해서 감정을 조절해 표현하는 것이 능숙해질 수는 없어요. 하지만 다양한 방법이 있음을 알려 주는 기회가 될 수 있지요. 이 놀이는 보호자에게도 유용합니다. 화가 날 때 아이와 함께 연습해 보세요. 아이에게 어떻게 하는 것인지 먼저 보여 줄 수도 있고, 보호자의 감정을 조절하는 데도 도움이 될 것입니다.

만 3 세
36 ~ 41 개월

피자 파이
정서 놀이

놀이 효과

신체	도구 조작
인지	시지각
관계	친밀감
언어	상황 언어
정서	감정 조절, 주도성

놀이 소개

만 3세는 자율성과 주도성이 발달하는 시기입니다. 이 시기의 아이들은 자신이 원하는 것을 마음 껏 표현하려고 하지만, 신체적·인지적 발달이 아직 미숙한 관계로 제약 또한 많이 경험해요. 게다 가 지켜야 하는 규칙들도 조금씩 생기지요. 아이는 '피자 파이'를 통해 자기의 생각대로 다양한 재 료를 마음껏 넣어 보고, 다양한 방법을 시도해 볼 수 있어요. 안전한 상황에서 욕구를 표현할 기회 를 제공하면, 스트레스 해소에 도움이 된답니다.

준비물

점토, 습자지, 색종이, 플라스틱 케이크 칼, 요리 사 모자 또는 앞치마

놀이 목표

안정된 환경에서 자신이 원하는 바를 표현할 수 있어요.

😊 놀이 방법

1 아이에게 피자 만드는 방법을 사진이나 그림 등으로 알려 줍니다.

2 아이에게 '재미있는 상상 피자'를 만들어 보자고 제안합니다. 먼저 점토로 동그라미, 세모, 네모 등 원하는 반죽을 표현하도록 합니다. 그 위에 올라가는 토핑 재료는 아이와 함께 준비합니다. 습자지를 구겨 보거나 다른 색깔 점토를 자르거나 색종이를 찢어서 올려 봅니다.

3 아이가 만든 피자의 이름도 지어 보고, 플라스틱 케이크 칼로 잘라 먹는 시늉을 하며 즐겁게 역할 놀이를 합니다.

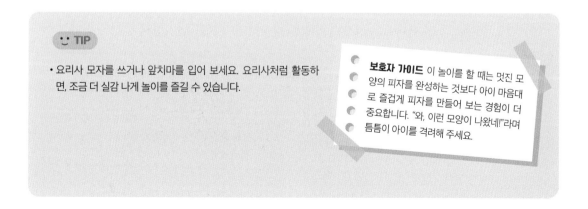

😊 TIP

• 요리사 모자를 쓰거나 앞치마를 입어 보세요. 요리사처럼 활동하면, 조금 더 실감 나게 놀이를 즐길 수 있습니다.

보호자 가이드 이 놀이를 할 때는 멋진 모양의 피자를 완성하는 것보다 아이 마음대로 즐겁게 피자를 만들어 보는 경험이 더 중요합니다. "와, 이런 모양이 나왔네!"라며 틈틈이 아이를 격려해 주세요.

만3세 점토 다트

정서 놀이

놀이 효과

신체	감각 발달
인지	시지각
관계	갈등 해결
언어	말하기
정서	자기 감정 인식, 감정 조절

놀이 소개

아이들은 자라면서 다양한 규칙과 마주하게 되고, 원하는 것을 제약받는 경험을 하게 됩니다. 이 과정에서 아이들은 자신의 정서를 조절하는 방법을 터득하게 되지요. 다만 만 3세 무렵의 아이들은 아직 정서 조절 능력이 미숙하기에 신체 반응이나 행동으로 불만을 드러내는 경우가 많습니다. '점토 다트'는 아이들이 일상에서 억압된 감정을 상상을 통해 적절하게 해소할 수 있도록 도와주는 놀이예요. 아이 스스로 화나고 속상했던 경험을 상상하며 점토를 던지면서 감정을 즐겁고 신나게 해소하는 법을 배울 수 있지요.

준비물

전지, 색연필 또는 색 테이프, 점토, 물에 적신 휴지

놀이 목표

안정된 환경에서 스트레스를 해소하는 법을 배울 수 있어요.

😊 놀이 방법

1 아이와 함께 전지를 펼쳐 다트를 던질 수 있는 영역을 표시합니다. 색연필로 커다란 동그라미를 그려도 좋고, 색 테이프를 붙여도 됩니다.

2 바닥에 다트 판을 놓고 점토를 작게 뭉쳐 서로 번갈아 다트 판에 던집니다. 이때 자기 차례를 지키고, 점토가 전지를 벗어나지 않게 던지기로 약속합니다.

3 상상을 통해 답답하고 속상했던 감정과 스트레스를 마음껏 해소하도록 다트 판 안에 점토 던지기를 해 봅니다. "○○아, 내 마음대로 안 되거나 화가 날 때 물건을 던져 버리고 싶을 때가 있잖아. 너무 답답하고 화가 나고 속상하니까 그런 마음이 들 수도 있어. 하지만 그렇다고 해서 정말 물건을 던지면 안 된단다. '나 지금 이게 안 되서 너무 답답해. 속상해. 너무 화가 나.' 이렇게 말로 표현해야지. 지금부터 상상을 해 볼 거야. '내가 화가 났을 때 이렇게 던져 보고 싶었지.' 하면서 시원하게 점토를 이 안에 던져 보는 거야."

4 놀이를 해 본 느낌과, 앞으로 나의 마음을 어떻게 표현하면 좋을지 이야기를 나누어 봅니다.

😊 TIP

• 아이가 바닥에 던지는 것이 익숙해 지면, 전지 다트 판을 벽면에 붙여서 던지는 방식으로 진행해 보아도 좋 습니다.

• 욕실에서 물에 적신 휴지를 벽면에 던져 붙여 보면서 스트레스를 해소 할 수도 있습니다.

보호자 가이드 이 시기의 아이들은 화가 나면 물건을 던지는 등 정서를 즉 각적인 행동으로 표현하는 경우가 많습니다. 이때 아이에게 너의 마음은 이 해하지만, 그 행동은 안 된다는 사실을 분명히 알려 주어야 해요. 또한 "나 속상해."처럼 마음을 해소할 수 있는 표현을 가르쳐야 합니다. 하지만 만 3 세 무렵은 언어로 자신의 마음을 표현하는 것이 어려울 수 있는 시기예요. 이 놀이를 통해 아이가 마음을 잘 해소할 수 있도록 도와주세요. 놀이가 다 끝나면 "진짜 물건을 던져서는 안 되지만 이렇게라도 표현해 보니 마음이 시원하다."라고 표현해 주세요. 펀치 백처럼 집 한쪽에 점토 다트 존을 구성 해 아이의 욕구를 충족시킬 수 있는 경계를 마련해 주는 것도 좋습니다.

2장

만 3세(42~47개월)

상상하는 것이
재미있고,
감정이 풍부해져요

흙 속에 사는 지렁이

신체 놀이

⌣ 놀이 효과

신체	감각 발달, 구강 운동
인지	주의력
관계	친밀감
언어	어휘
정서	성취감

⌣ 놀이 소개

촉각은 여러 감각 중에서 가장 광범위합니다. 피부를 통해 주위 환경에 관한 정보를 뇌로 전달하지요. 이 시기의 아이들은 촉각만으로 자신이 만지고 있는 것이 무엇인지 말할 수 있어요. 눈으로 보지 않고도 손을 더듬어 단추를 끼우거나 바지춤에 셔츠를 넣을 수 있게 되지요. 이러한 능력을 '촉각 변별'이라고 합니다. '흙 속에 사는 지렁이'는 아이의 촉각 변별 능력이 발달하는 데 도움이 되는 놀이예요. 이를 통해 아이는 손을 더욱더 정교하게 사용할 수 있게 된답니다.

⌣ 준비물

쿠키, 초콜릿, 플레인 요구르트, 볼, 지렁이 젤리, 쟁반, 색이 있는 채소들

⌣ 놀이 목표

손으로 만져 재질을 느낄 수 있어요.

1 쿠키를 부수고, 초콜릿을 잘게 쪼갭니다.

2 볼에 부순 쿠키와 초콜릿, 플레인 요구르트를 넣고 섞어 큰 반죽 덩어리를 만듭니다.

3 반죽 안에 지렁이 젤리를 숨겨 둡니다.

4 아이가 손으로 반죽을 만져서 숨겨진 지렁이 젤리를 찾도록 합니다.

:) **TIP**

• 아이가 놀이를 어려워하면, 쿠키를 더 곱게 부숩니다. 크기가 더 큰 젤리를 숨기거나 흙(쿠키+초콜릿+플레인 요구르트)의 양을 적게 해 지렁이 젤리의 일부분이 보이도록 합니다. 아이가 놀이에 익숙해지면, 딱딱한 쿠키를 준비해 힘을 세게 줘서 쿠키를 부수도록 합니다. 가느다란 지렁이 젤리를 준비하거나 흙을 더 수북하게 쌓으면 됩니다.

• 흙(쿠키+초콜릿+플레인 요구르트)을 쟁반에 편평하게 펼치고, 색이 있는 채소들을 활용해서 정원을 꾸밀 수도 있습니다. 재료로는 양파, 당근, 브로콜리 등이 좋습니다.

> **보호자 가이드** 촉각이 민감한 아이인 경우, 촉각 놀이가 불편할 수 있습니다. 아이가 만지기를 불편해한다면, 도구를 사용하게 하거나 점진적으로 참여하도록 도와주세요.

만3세 요리조리 조심조심

42~47 개월

신체 놀이

😊 놀이 효과

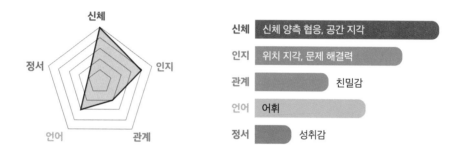

신체	신체 양측 협응, 공간 지각
인지	위치 지각, 문제 해결력
관계	친밀감
언어	어휘
정서	성취감

😊 놀이 소개

주변 환경과 내 몸의 관계를 알아차리는 것을 '신체 도식'이라고 합니다. 아이들이 몸을 움직이면 신체 도식이 발달해요. 놀이터와 같이 여러 가지 구조물이 있는 공간에서 몸을 움직이면 공간 안에서 내 몸이 어디쯤 위치하는지, 움직일 때 어떤 신체 부위들이 어떻게 동원되는지를 알아차릴 수 있습니다. 손과 발을 동시에 움직여 구름사다리를 오르거나 공중에 있는 풍선을 손으로 칠 수 있게 되지요. '요리조리 조심조심'은 신체 도식이 발달하는 데 도움이 되는 놀이예요. 이를 통해 아이는 게임, 스포츠와 같은 신체 활동을 원활히 할 수 있게 된답니다.

😊 준비물

마스킹 테이프, 의자, 캐릭터 인형, 줄

😊 놀이 목표

선에 닿지 않도록 몸을 조절하면서 이동할 수 있어요.

😊 놀이 방법

1 거실 바닥에 마스킹 테이프로 방까지 가는 미로를 만듭니다. 방 안에 아이가 구출할 캐릭터 인형을 놓아둡니다.

😮 **주의 사항** 아이의 머리카락이나 얼굴에 테이프가 직접 붙지 않도록 주의합니다.

2 아이에게 놀이에 관해 설명합니다.
"테이프로 길을 만들어 줄 거야. 길에 찰싹 붙지 않게 조심조심 지나가서 ○○(캐릭터 인형)을(를) 구해 보자."

3 아이는 미로를 지나 방 안으로 들어가 캐릭터 인형을 구해 옵니다.

4 다른 방으로 통하는 미로를 만들어 줍니다. 아이가 준비한 인형을 모두 구해 오면 성공입니다.

😊 TIP

- 아이가 놀이를 어려워하면, 좀 더 단순한 디자인의 미로를 적용합니다. 아이가 놀이에 익숙해지면, 인형을 하나씩 구해 올 때마다 테이프를 좀 더 붙여 미로의 구조를 복잡하게 만들어 보면 좋습니다.

- 의자나 탁자를 이용해 좀 더 입체적인 미로를 만들 수 있습니다. 미로를 통과하기 위해 몸을 낮추거나 줄 위로 넘어갈 수 있게 꾸미면, 아이가 팔과 다리를 더 다양하게 움직일 수 있습니다.

보호자 가이드 활동 규칙을 너무 지키려고 애쓰지 않아도 됩니다. 자유롭게 놀이를 진행하고, 아이가 하자는 방법대로 같이 참여해 주세요. 그 안에서 생각하지도 못했던 즐거움을 찾을 수도 있답니다.

이리저리 점프

신체 놀이

놀이 효과

신체	자세 조절, 공간 지각, 운동 계획
인지	위치 지각, 주의력
관계	지시 따르기
언어	듣기, 말하기
정서	성취감

놀이 소개

아이가 자기 몸을 더 효율적으로 사용하기 위해서는 자발적으로 다양한 움직임에 도전해 볼 수 있는 상황이 필요합니다. '이리저리 점프'는 장애물을 설치해서 아이가 스스로 움직임을 계획하고 오류를 수정할 수 있도록 돕는 놀이예요.

준비물

표지가 단단한 책들, 매트

놀이 목표

여러 단계의 높이에서 점프할 수 있어요. 움직임에 대한 지시를 듣고 따라 할 수 있어요.

☺ 놀이 방법

1 책을 쌓아서 다양한 높이의 점프대를 만듭니다.

😮 **주의 사항** 주변의 부딪칠 수 있는 물건이나 가구 등을 치웁니다. 바닥에는 안전 매트를 깔아 둡니다.

2 아이에게 놀이에 관해 설명해 주고 시범을 보여 줍니다.
"우리 오늘은 깡충깡충 뛰어 볼 거야."

3 아이에게 쌓아 놓은 책을 뛰어넘어 보라고 합니다. 이때 다음과 같이 아이에게 지시합니다.
"하나, 둘, 셋 하면 점프하는 거야. 하나, 둘, 셋, 점프!"

4 책을 벽에 붙여서 계단 모양으로 쌓습니다. 이때 보호자는 책이 움직이지 않도록 책을 잡아 고정해
줍니다.

5 계단에 올라가서 앞으로
점프합니다. 앞에서와
마찬가지로 지시를 듣고
점프합니다. 점점 높은
계단에서 점프를 시도해
봅니다.

6 책을 일렬로 나열하고, 멀리뛰기 하는
것처럼 나열된 책을 건너뛰어 봅니다.

하나! 둘! 셋!

☺ **TIP**

• 보호자는 도움을 점점 줄여 가면서 아이 스스로 움직임을 시도
해 볼 수 있도록 합니다.

• 소파에서 바닥으로 점프하거나 2개의 소파를 마주 보게 배치하
고 소파에서 소파로 점프해 봅니다. 또는 침대 옆에 소파를 배치
해 소파에서 침대로 점프해 봅니다.

보호자 가이드 보호자는 아이의 활동 범위
가 늘어날수록 아이가 다칠까 봐 걱정하게
됩니다. 물론 아이의 안전이 우선이지만,
적절한 실패 경험도 문제 해결력과 좌절에
대한 내성을 높여 준다는 점을 기억하세요.

알록달록 마법 손수건

신체 놀이

놀이 효과

신체	도구 조작, 눈-손 협응
인지	주의력
관계	지시 따르기
언어	말하기
정서	감정 조절

놀이 소개

이 시기의 아이들은 자신의 행동이 주변 환경에 미치는 영향에 관심이 많습니다. '내가 이런 행동을 했더니 이런 결과가 되었네.'와 같이 환경에 영향력을 직접 행사하고 실험해 보면서 배우지요. '알록달록 마법 손수건'은 아이에게 탐구하고, 질문하고, 문제를 해결할 수 있는 기회를 주는 놀이 예요. 또한 우리 주변의 세계에 대해 더 큰 호기심을 가질 수 있는 기회도 만들어 준답니다.

준비물

미온수, 앞치마, 크고 오목한 접시, 여러 색깔로 코팅된 초콜릿 또는 젤리, 코인 티슈, 발포 물감 또는 발포 비타민, 스포이트

놀이 목표

설명을 듣고 순서와 규칙을 지켜 활동에 참여할 수 있어요. 재료의 변화를 탐색할 수 있어요.

😊 놀이 방법

1 물을 적당한 온도로 데워 놓습니다. 아이에게 놀이에 관해 설명해
줍니다.
"오늘은 마법 손수건을 만들 거야."

2 접시 가장자리에 초콜릿이나 젤리를 늘어놓습니다. 초콜릿이나
젤리를 놓으며 아이와 색에 대한 이야기를 나눕니다.
"이건 무슨 색이야?", "어떤 색깔이 좋아?"

3 접시 가운데 부분에 미온수를 붓고, 초콜릿이나 젤리가 녹아서 색이 퍼지는 과정을 관찰합니다.

4 색소가 녹아 접시 가운데로 모이면 그곳에 코인 티슈를 올려 둡니다. 코인 티슈가 색을 빨아들이면서
부피가 커지는 과정을 관찰합니다.

> **주의 사항** 아이가 코인 티슈를 입에 넣지 않도록 먹는 재료와 먹지 못하는 재료를 구분해서 알려 줍니다.

5 코인 티슈가 다 커지면 잘 펴서 이염된
부분의 무늬를 확인하고, 잘 말려서
손수건을 완성합니다.

😊 TIP

- 처음에는 재료를 적당히 주어 활동의 결과물을 빨리 확인하게
해 주고, 점차 재료의 양을 늘려 보다 다채로운 이염 효과를 시도
해 봅니다.
- 발포 물감이나 발포 비타민을 추가로 넣어서 보글보글 물을 만
들어 봅니다. 만든 물을 스포이트로 코인 티슈에 조금씩 떨어뜨
리면서 티슈가 커지는 과정을 관찰합니다. 코인 티슈를 펴서 이
염된 부분의 색과 무늬를 확인하고, 잘 말려서 나만의 손수건을
완성합니다.

> **보호자 가이드** 놀이의 본질인 즐거움에 충실해 주세요. 놀이를 통해 아이를 가르치려는 생각은 잠시 내려놓아도 좋습니다. 아이의 놀이를 존중하면서 함께 즐겨 주세요.

싹둑싹둑 요리사

신체 놀이

놀이 효과

신체	도구 조작, 눈-손 협응
인지	시지각
관계	친밀감
언어	말하기
정서	성취감

놀이 소개

몸의 자세와 움직임, 힘의 강도를 알게 해 주는 감각을 '고유 감각'이라고 합니다. 고유 감각은 주로 힘을 주거나, 무거운 것을 밀고 당기거나, 스트레칭을 할 때 활성화돼요. '싹둑싹둑 요리사'를 통해 가위로 단단하고 두꺼운 재료를 자르면 손의 고유 감각을 발달시켜 움직임을 좀 더 정교하게 하는 데 도움이 된답니다.

준비물

수수깡 등 아이가 자를 수 있는 다양한 색의 재료들, 가위, 그릇, 색종이, 두꺼운 종이, 토이 클레이, 병 또는 밀대, 빨대

놀이 목표

가위로 재료를 자를 수 있어요.

😊 놀이 방법

1 아이가 가위질에 익숙하지 않아도 잘 자를 수 있도록 재료의 너비를 적당하게 조정해 둡니다.

2 최근에 같이 먹었던 음식에 관해 이야기를 나눕니다.
"그 음식에는 무슨 재료가 들어 있었어?"

3 아이에게 준비한 재료들을 보여 주면서 음식을 만들어 보자고 설명합니다. 음식 재료와 비슷한 색의 재료들을 모읍니다.

4 가위로 재료를 자릅니다.

> 😮 **주의 사항** 가위 사용 시 주의가 필요합니다. 자르면서 튈 수 있는 재료는 재료의 양 끝을 보호자가 손으로 잡아 줍니다.

5 자른 재료를 그릇에 담습니다. 아이와 완성한 음식에 관해 이야기를 나눕니다.

😊 TIP

- 아이가 놀이를 어려워하면, 색종이처럼 자르기 쉬운 재료를 제공하면 좋습니다. 아이가 놀이에 익숙해지면, 두꺼운 종이처럼 힘을 주어 잘라야 하거나 가위질을 여러 번 해야 하는 재료를 제공하면 됩니다.
- '김밥 놀이'를 해 봅니다. 토이 클레이를 병이나 밀대로 납작하게 밀어서 김처럼 만듭니다. 그 위에 자른 재료들을 올리고 돌돌 말아서 김밥처럼 만듭니다.
- '꼬치 놀이'를 해 봅니다. 색종이의 색깔별로 재료를 나눕니다. 동그라미, 세모, 네모 등으로 색종이를 오립니다. 오린 색종이를 반으로 접고 가운데 부분을 조금 잘라 빨대에 끼울 수 있게 구멍을 냅니다. 아이는 보호자의 요청대로 빨대에 재료를 꽂아 꼬치를 만들어 줍니다.

> **보호자 가이드** 안전하면서도 활동에 방해가 되지 않는 가위를 준비하는 것이 중요합니다. 너무 안전한 가위는 재료가 잘 잘리지 않아서 아이가 쉽게 놀이를 중단할 수도 있어요. 보호자가 먼저 가위를 사용해 보고 준비하기를 권합니다. 아이에게 가위를 주는 일은 보호자에게는 두려운 일이 될 수도 있습니다. 아이가 안전하게 가위를 사용할 수 있도록 보호자가 옆에서 지도해 주세요.

동그라미, 세모, 네모

인지 놀이

놀이 효과

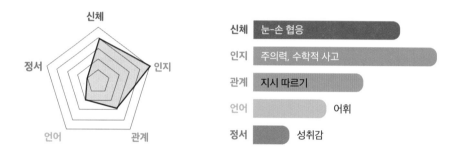

신체 | 눈-손 협응
인지 | 주의력, 수학적 사고
관계 | 지시 따르기
언어 | 어휘
정서 | 성취감

놀이 소개

'동그라미, 세모, 네모'는 기본적인 도형을 인식해 보는 놀이입니다. 이를 통해 도형들이 어떤 특징을 가지고 있는지 알 수 있고, 만지면서 감각적으로 느껴 볼 수 있지요. 아이들은 주변 물건에 관심을 가지고 도형과 연결 지어 생각해 보면서 우리 주변에는 어떤 도형들이 있는지 알아볼 수 있어요. 이런 과정을 통해 주위 환경에서 오는 자극 중 특정한 것을 선택해서 받아들일 수 있는 '도형-소지 변별' 능력을 키울 수 있답니다.

준비물

도형 퍼즐, 주머니, 도형 찾기 표, 칭찬 도장 또는 스티커, 자모음 퍼즐

놀이 목표

여러 도형을 만져 보며 특징을 파악할 수 있어요. 동그라미, 세모, 네모 같은 간단한 도형을 찾을 수 있어요.

:) 놀이 방법

모양 느끼기

1 여러 가지 도형 퍼즐을 보여 주고 주머니에 넣습니다.

2 도형을 보여 주거나 말해 주며, 주머니 안에 손을 넣어 같은 모양을 꺼내게 합니다.

모양 찾기 게임

1 동그라미, 세모, 네모로 나뉜 표를 만듭니다.

2 집 안의 물건 중에서 모양이 같은 것을 찾아봅니다.

3 같은 모양을 찾을 때마다 칭찬 도장을 찍거나 스티커를 붙입니다.

4 먼저 표를 완성하는 사람이 승리합니다.

:) TIP

• 도형 퍼즐을 잘 찾아낸다면, 같은 방법으로 자모음 퍼즐을 주머니에 넣고 찾아봅니다.

보호자 가이드 만 3세는 아직 긴 시간을 집중하기 어려운 나이입니다. 완성해야 하는 표의 개수가 많으면 아이가 좌절감을 쉽게 느낄 수 있어요. 아이가 집중을 잘하더라도 최대 5개는 넘지 않도록 해 주세요.

성별 알기

인지 놀이

놀이 효과

신체	감각 발달
인지	주의력, 수학적 사고
관계	친밀감
언어	어휘
정서	자아 존중

놀이 소개

'성 정체성'이란 자신이 남자와 여자 중 어느 한쪽에 속해 있음을 이해하는 것입니다. 만 3세가 된 아이들은 자신의 성을 뚜렷하게 인식하고, 정확한 성 명칭을 사용할 줄 알아요. '성별 알기'는 남성과 여성의 차이점을 이해하는 놀이입니다. 아이는 자신이 누구인지 깨달으면서 나를 더 사랑하는 마음을 가지게 될 거예요.

준비물

가족 행사 사진(가족들이 많이 나온 사진일수록 좋음), 다양한 사람들의 사진, 거울

놀이 목표

남자와 여자 몸의 차이점을 알고, 내 몸을 소중히 여기는 태도를 기를 수 있어요.

😊 놀이 방법

1 가족사진을 감상하며 누가 있는지, 언제인지, 왜 모였는지 등에 관해 이야기를 나눕니다.

2 가족사진을 보며 성별에 따라 외형적으로 같은 점과 다른 점이 무엇인지 말해 봅니다.

3 먼저 엄마와 아빠의 성별을 알려 주고 아이의 성별을 확인합니다.

4 연령대나 인종 등이 다양한 남자, 여자 사진을 준비하고
아이에게 보여 줍니다.

5 사진을 보고 성별 맞히기 퀴즈를 내 봅니다.

6 우리 몸에 있는 여러 기관은 각자의 역할을
하고 있음을 알려 주고, 이런 몸을 소중히
다루도록 약속합니다.

😊 **TIP**

- 성별을 인식하기 어려워하는 아이에게는 퀴즈를 내기보다 함께 사진 등을 관찰하며 성별을 알려 주는 것이 좋습니다.
- 아이와 거울을 함께 보며 우리 가족은 어떤 점이 비슷하고 어떤 점이 다른지 이야기해 봅니다. 이를 통해 가족 간의 친밀감과 유대감을 느낄 수 있습니다. 서로 마사지해 주면서 신체 부위의 명칭을 이야기합니다.

보호자 가이드 보호자가 몸에 관해 설명하는 것을 부끄러워하거나 창피해한다면, 아이도 부끄러워해야 한다고 생각할 수 있어요. 몸의 생김새가 다른 것은 창피한 것이 아니라 성별에 따른 특성이고, 자연스러운 것임을 알려 주세요. 나이, 성별, 생김새가 달라도 모두 평등함을 알고 존중할 수 있도록 도와주세요.

동물 친구 찾기

놀이 효과

신체	눈-손 협응
인지	시지각, 주의력
관계	지시 따르기
언어	어휘
정서	성취감

놀이 소개

'동물 친구 찾기'는 동물 조각을 맞추며 부분과 전체를 이해할 수 있는 놀이예요. '부분과 전체' 개념을 이해하는 것은 논리적·수학적 사고와도 연관이 있지요. 이 놀이는 아이가 경험한 것을 바탕으로 생각하는 연상적 사고와, 새로운 결론을 내는 유추적 사고를 발달시키는 데 도움이 돼요. 또한 시각을 통해서 사물을 비교하고 차이를 이해하고 판별하는 형태 지각력도 발달시킬 수 있답니다.

준비물

동물 그림 또는 사진(10마리), 가위, 동물무늬 그림 또는 사진, 같은 무늬를 가진 동물 그림 또는 사진

놀이 목표

일부를 보고 사물의 이름을 맞힐 수 있어요.

😌 놀이 방법

내 꼬리 어디 있나

1 동물 그림이나 사진(10마리)을 인쇄해 2조각으로 자릅니다.

2 조각이 맞춰진 동물 그림(5마리)을 보여 주며 어떤 동물인지 이야기를 나누어 봅니다.

3 2조각으로 나누어진 동물들을 섞고 하나씩 함께 찾아봅니다.
"아악, 내 꼬리! 내 꼬리 어디 갔지? 내 꼬리 좀 찾아 줘!"

4 아이가 동물 조각을 찾는 데 익숙해지면, 10마리 동물 조각을 주고
찾아봅니다.

5 게임을 좋아한다면, 누가 먼저 동물 조각을 찾는지
스피드 게임 형식으로 놀이해 봅니다.

동물무늬 찾기

1 보호자는 동물무늬 그림이나
사진을 아이에게 보여 주고, 아이는
어떤 동물의 무늬인지 살펴봅니다.

2 무늬를 보고 같은 무늬를 가진 동물
그림이나 사진에서 어떤 동물인지
맞혀 봅니다.

😌 TIP

• 먼저 보호자가 시범을 보이고 아이가 스스로 할 수
있도록 돕습니다. 아이가 어려워한다면, 함께 조각
을 찾으면서 완성해도 좋습니다. 아이에게 친숙한
동물의 그림이나 사진을 이용합니다.

보호자 가이드 아이가 한 번에 동물을 못 찾았다면, 시
각적 주의 집중을 하지 않았을 수 있어요. 아이가 주어진
조각이나 무늬를 주의 깊게 살펴볼 수 있도록 "이건 어
떤 동물의 무늬지?", "엄마(아빠)는 어떤 동물인지 잘 못
찾겠네. 찾아 줄 수 있어?"라고 말하며 유도해 주세요.

재미있는 색깔 놀이
인지 놀이

놀이 효과

신체	공간 지각
인지	기억력, 수학적 사고
관계	지시 따르기
언어	어휘
정서	성취감

놀이 소개

이 시기의 아이들은 색 개념을 이해하고 변별하기 시작하면서 좋아하는 색깔을 고집하기도 해요. 색깔은 아이들에게 시각적인 정보일 뿐만 아니라 자신의 감정과 생각을 표현하는 수단으로 사용되지요. 이러한 과정을 통해 시각을 통한 두뇌 발달은 물론이고, 창의력, 심미안, 사회성도 향상시킬 수 있어요. '재미있는 색깔 놀이'는 색에 대한 분류와 더불어 기억력과 운동 계획 능력 향상에도 도움이 된답니다.

준비물

종이, 연필, 색연필, 다양한 색의 사물(최대 5가지 색)

놀이 목표

최대 5가지의 색을 알아볼 수 있어요.

😊 놀이 방법

색깔 기억하기

1 종이에 각각 다른 모양을 3개 그려 두고 지시를 말합니다.
"지시에 따라 색칠하세요. 동그라미는 빨간색, 세모는 초록색, 네모는 파란색으로 칠하세요."

2 아이는 지시에 따라 각각의 도형을 색연필로 칠합니다. 아이가 한 번에 수행하지 못하면, 지시에
나오는 색연필만 꺼내 두고 색칠할 수 있게 합니다. 아이가 잘 기억한다면, 도형의 개수(최대 5개)를
늘려 봅니다.

특정 색깔로만 이동하기

1 여러 색의 물건으로 길을 만듭니다.

> 😮 **주의 사항** 아이가 밟아도 안전한 쿠션, 책, 종이 등
> 을 활용하는 것이 좋습니다.

2 특정한 색으로만 이동해서 목적
지점까지 가 봅니다.
"빨간색만 밟고 가 보자."

😊 **TIP**

- 색이 지나치게 많이 섞인 물건은 아이가 기준을 잡기 어려울 수 있습니다. 아이가 쉽게 인식할 수 있도록 원색 위주의 물건으로 놀이를 구성하는 것이 좋습니다.
- '특정 색깔로만 이동하기' 놀이를 하면서 돌아올 때는 규칙을 바꾸어 봅니다. 떠날 때는 빨간색 물건만 밟고, 돌아올 때는 노란색 물건만 밟는식으로 하면 됩니다. 노란색 물건에 도착하면 손뼉을 치는 식으로 색깔별 미션을 추가해도 됩니다. 또한 '빨강-노랑-빨강-노랑' 식으로 특정 패턴을 만들어서 이동해 보라고 해도 좋습니다.

보호자 가이드 아이와 가까운 공원을 산책하며 "이 꽃은 노란색이네. 이 나뭇잎은 초록색과 갈색이 같이 있어."라고 말해 주세요. 이처럼 자연 속에서도 색을 찾아보면서 색에 관심을 가질 수 있도록 도와주세요.

사계절 나무 면봉 그림

인지 놀이

놀이 효과

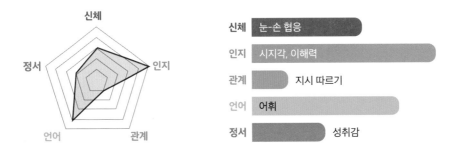

신체	눈-손 협응
인지	시지각, 이해력
관계	지시 따르기
언어	어휘
정서	성취감

놀이 소개

'사계절 나무 면봉 그림'은 아이에게 우리나라에는 사계절이 있다는 사실을 알게 하고, 관심을 유도하는 놀이예요. 이 활동을 하다 보면 사계절의 개념과 순서를 자연스럽게 이해할 수 있답니다.

준비물

계절별 나무 사진, 나무줄기만 그려진 그림, 면봉, 물감, 팔레트 또는 종이컵, 연필

놀이 목표

사계절에 따라 달라지는 나무의 모습을 알아볼 수 있어요.

☺ 놀이 방법

나무 관찰하기

1 실내에서 활동하는 경우, 계절별 나무 사진이나 창밖 풍경을 본 다음 바깥으로 나갑니다. 처음부터 실외에서 활동하는 경우, 떨어진 나뭇잎이나 꽃잎 등을 수집해 봅니다.

2 지금 풍경이 어떤지, 주로 어떤 색이 눈에 띄는지에 관해 이야기를 나눕니다.

3 현재의 계절에 대해 알아봅니다.

사계절 알아보기

1 사계절의 특징에 관해 이야기를 나눕니다.
"봄에는 새싹이 나요.", "여름은 더워요."

2 나무는 계절에 따라 어떻게 변하는지 이야기를 나눕니다.
"봄에는 나무에 잎이 나요.", "여름에는 나무가 초록색이에요.", "가을이 되면 나뭇잎이 빨갛게 변해요.", "겨울에는 나무가 홀쭉해요."

사계절 나무 그리기

1 나무줄기만 그려진 그림을 준비합니다.

2 현재 계절에 밖에서 수집한 나뭇잎이나 꽃잎을 붙입니다.

3 다른 계절에는 면봉으로 물감을 찍어 발라 각 계절 나무의 모습을 표현합니다.

4 그림 아래에 계절 이름을 씁니다.

☺ TIP

• 촉감 놀이에 특별히 거부감이 없는 아이라면, 물감을 손가락에 묻혀 찍으며 손가락 지문으로 나뭇잎을 다채롭게 표현해 볼 수 있습니다. 손바닥으로는 풍성한 나뭇잎을, 손가락으로는 나무의 열매를 꾸미는 등 아이가 창의적으로 표현해 볼 수 있도록 도와주세요.

보호자 가이드 계절에 따라 정해진 색상을 사용하지 않았다고 해서 제지하지는 말아 주세요. 왜 그렇게 표현했는지 아이의 의견을 들어 주고, 창의적 표현을 인정해 주세요. 아이가 계절에 대해 잘 이해했는지, 각 계절에 어울리는 색은 무엇인지에 관해 이야기를 나누어 주세요.

만 3 세
42 ~ 47 개월

말하는 대로 움직여 보아요
관계 놀이

☺ 놀이 효과

신체	운동 계획
인지	주의력
관계	지시 따르기, 친밀감
언어	듣기, 말하기
정서	성취감

☺ 놀이 소개

만 3세 아이들은 스스로 세상을 통제하고 싶어 합니다. 자율성과 주도성이 발달하는 중이기 때문에 무엇이든 자신이 하고 싶은 대로 하려고 하지요. 이 시기의 아이들은 보호자가 안전상의 이유로 일상적인 규칙을 제시할 때 보호자의 말을 거부하거나 듣기 어려워하기도 해요. '말하는 대로 움직여 보아요'는 정해진 규칙을 따라 움직여 보면서 행동 조절 능력을 기르는 놀이입니다. 아이는 이 놀이를 통해 어른의 지시나 규칙에 즐겁게 따르는 방법을 배우게 되지요.

☺ 준비물

로봇 사진, 행동 그림 카드, 신호등 색깔 카드

☺ 놀이 목표

어른의 지시에 따라 행동을 조절할 수 있어요.

😊 놀이 방법

1 가정에 프린터기가 있다면, 로봇 사진을 출력합니다. 또는 핸드폰 등을 이용해 아이에게 로봇 사진을 보여 줍니다. 로봇의 특성에 관해 이야기를 나누어 봅니다.

2 행동 그림 카드를 준비합니다. 아이가 따라 해 볼 수 있는 동작을 보호자가 촬영한 후 출력하거나 가정용 영상 기기(패드, 컴퓨터, 핸드폰 등)를 활용해 보여 줍니다. 아이에게 함께 로봇이 되어 보자고 이야기합니다. 음성에 따라 '윙크하기, 한쪽 발 들기, 박수 치며 돌기' 등의 지시를 수행해 봅니다.

3 서로 로봇이 되기로 약속한 다음, 한 번씩 지시하고 따라 하는 미션을 수행해 봅니다.

4 놀이에 익숙해지면, 두 단계의 행동이 있는 행동 그림 카드를 만들어 놀이를 진행해 봅니다. '손으로 토끼 귀를 하며 인사하기, 엉덩이 흔들며 윙크하기, 보호자 안아 주며 뽀뽀하기' 등의 행동을 해 볼 수 있습니다.

😊 **TIP**

• 출발선과 도착선을 표시합니다. 검정색 도화지에 빨간색, 초록색, 노란색 색종이를 각각 붙여 '신호등 색깔 카드'를 만듭니다. 다른 아이디어를 활용해 만들어도 좋습니다. 신호등 색깔 카드를 들고 아이에게 빨간 불(멈추기), 노란 불(제자리에서 발 구르기), 초록 불(걸어오기)의 개념에 관해 알려 줍니다. 이후 아이에게 신호등 색깔 카드 제시어에 따라 도착선까지 들어오라고 말해 봅니다.

보호자 가이드 아이는 지시를 따르면서 지시의 내용을 이해하고, 수행하고, 자신을 조절하는 복합적인 훈련을 병행하게 됩니다. 아이가 노력하는 모습을 격려해 주세요. 그러면 아이는 더 즐겁게 놀이에 참여하게 될 것입니다. 때로는 아이의 지시를 보호자가 수행하는 모습도 보여 주세요. 지시를 따르는 아이의 입장이 되어 지시를 내리는 보호자 자신의 모습을 바라볼 기회가 될 수도 있습니다.

우리 가족은 닮은 곳이 있대요

관계 놀이

놀이 효과

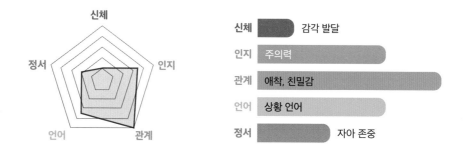

신체	감각 발달
인지	주의력
관계	애착, 친밀감
언어	상황 언어
정서	자아 존중

놀이 소개

보호자와 아이가 서로의 공통점을 발견하는 것은 유대감을 쌓는 데 큰 도움이 돼요. 반대로 차이점을 인식하는 것은 서로에 대한 이해를 높여 주지요. '우리 가족은 닮은 곳이 있대요'는 보호자와 비슷한 부분을 찾아보면서 유대감을 느끼도록 도와주는 놀이입니다. 이 놀이는 친구와 나의 비슷한 점과 차이점을 인식하면서 서로에 대한 이해를 높이는 데도 도움을 준답니다.

준비물

보호자의 어린 시절 사진, 아이의 사진, 거울, 가족사진, 스티커, 아이의 유치원 사진, 아이 친구들의 사진

놀이 목표

보호자와 아이의 공통점과 유사점을 찾아보며 서로 유대감을 쌓을 수 있어요.

☺ 놀이 방법

1 아이에게 보호자의 어린 시절 사진을 보여 주며 "누구 같니?"라고 물어봅니다.

2 아이의 현재 모습과 보호자의 어린 시절 사진을 비교합니다. 서로의 눈, 코, 입, 머리 스타일 등을 살펴보며 닮은 곳을 찾아서 이야기를 나눕니다. 또 거울을 보며 현재 서로의 얼굴에서 닮은 곳을 찾아봅니다.

3 아이와 함께 <닮은 곳이 있대요> 노래를 불러 보면서 우리 가족의 닮은 점으로 개사해 불러 봅니다.
"엄마(아빠)하고 나하고 닮은 곳이 있대요. 코! 땡!
귀! 땡! 눈! 딩동댕."

4 외모 이외에 성격이나 행동에 대한 이야기도 나누어 봅니다. 보호자의 어린 시절에 관해 털어놓고, 아이와 비슷한 행동을 했던 이야기를 해 줍니다. 아이에게 비슷한 점을 찾아보자고 말합니다.

힘을 모아 날려요

관계 놀이

놀이 효과

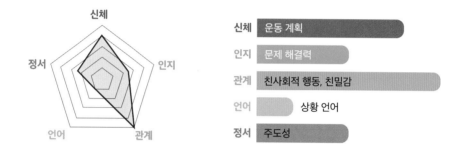

신체	운동 계획
인지	문제 해결력
관계	친사회적 행동, 친밀감
언어	상황 언어
정서	주도성

놀이 소개

만 3세 무렵의 아이들은 자기중심적 사고가 강하면서도 또래나 타인과의 관계에도 관심을 보입니다. 이 시기에는 함께 공동의 목표를 정해 승패에 상관없이 협력의 즐거움을 경험하는 과정이 필요해요. '힘을 모아 날려요'는 보호자와 아이가 힘을 합쳐서 입김을 불거나 부채질을 해서 원하는 방향으로 종이컵을 움직여 보는 놀이입니다. 아이는 보호자와 협력해서 목표를 달성하는 과정을 통해 성취감과 즐거움을 느낄 수 있답니다.

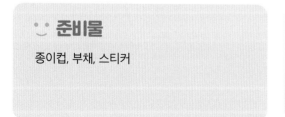

준비물

종이컵, 부채, 스티커

놀이 목표

성취감과 협력의 즐거움을 경험할 수 있어요.

◠◠ 놀이 방법

1 아이에게 종이컵을 보여 줍니다. 종이컵을 사용해 본 경험에 관해 이야기해 봅니다.

2 아이와 함께 입김으로 종이컵을 움직여 봅니다. 움직임을 관찰하고, 종이컵을 움직일 수 있는 방법에 관해 이야기를 나눕니다.

> **주의 사항** 입김을 너무 많이 불면 어지러울 수 있으므로 잘 조절하도록 지도합니다.

3 종이컵을 부채로 부쳐 움직여 보고, 이동하는 곳에 스티커를 붙여 움직임을 살펴봅니다.

4 아이와 함께 시작점과 반환점을 표시해 봅니다. 종이컵을 시작점에 놓고 부채로 함께 힘을 모아 종이컵을 움직여서 반환점을 돌아오도록 합니다.

5 보호자와 아이가 순서를 정해 번갈아 한 번씩 종이컵에 부채질을 하며 반환점을 돌아오도록 합니다.

◠◠ **TIP**

• 아이와 함께 머리를 맞대고 종이컵을 움직일 수 있는 다양한 방법을 찾아봅니다. 보호자는 입김으로 불고, 아이는 부채질을 해서 반환점을 도는 방식으로 놀이를 확장해 볼 수 있습니다.

보호자 가이드 보호자와 아이가 잘 협력해야 종이컵의 움직이는 방향이나 힘을 효율적으로 조절할 수 있습니다. 단, 이 놀이의 목표는 협력의 경험과 즐거움을 느끼는 것임을 기억하고, 비난이나 명령조의 표현을 지양해 주세요.

이럴 땐 이렇게 인사해요

관계 놀이

😊 놀이 효과

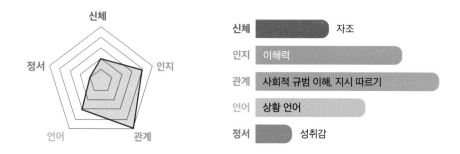

신체	자조
인지	이해력
관계	사회적 규범 이해, 지시 따르기
언어	상황 언어
정서	성취감

😊 놀이 소개

이 시기의 아이들은 어른과 또래에게 인사하는 방법이 다르다는 것을 인지하기 시작해요. 또 상대방이 누구인지, 언제 어디서 만났는지에 따라 인사하는 방법이 다르다는 사실도 배우지요. 인사는 사회성 발달에 기본이 되는 과정입니다. 아이는 '이럴 땐 이렇게 인사해요'를 통해 사회적인 상황을 이해하고, 적절하게 인사하는 법을 배울 수 있어요. 보호자와 다양한 상황에 따른 역할 놀이를 하면서 조금 더 편안하고 재미있게 인사하는 방법을 배울 수 있답니다.

😊 준비물

상황 그림 카드, 스티커, 장난감

😊 놀이 목표

대상과 상황의 차이를 이해하고, 적절하게 표현할 수 있어요.

😊 놀이 방법

1 낯선 어른, 가족, 선생님, 또래 등 다양한 사람과 만나서 인사하는
상황에 대한 그림 카드를 준비합니다. 아이에게 그림 카드를 보여
주며 어떤 상황인 것 같은지 이야기를 나눕니다.
"어린이집 앞에서 친구를 만났어요.", "어린이집에 도착해 선생님을
만났어요.", "할아버지, 할머니가 오랜만에 놀러 오셨어요."

> 😮 **주의 사항** 그림 카드를 코팅하거나 비닐을 붙일
> 경우, 아이가 그림 카드를 밟다가 미끄러질 수 있습
> 니다. 카드는 180g 이상 되는 두꺼운 종이로 미끄럽
> 지 않게 제작합니다. 카드 모서리는 둥글게 굴리는 것
> 이 좋습니다.

2 그림 카드를 징검다리처럼 바닥에 놓습니다. 아이와 손을 잡은 상태로
징검다리를 건너듯 그림 카드 위를 건너 봅니다.

3 그림 카드를 건너는 동안 카드에 그려진 역할을 나누어 보고,
역할에 맞게 인사합니다.

4 아이와 보호자가 적절한 인사 나누기에 성공하면
스티커를 붙입니다. 모든 징검다리를 다
건너면 하이파이브를 하고 아이를
격려하며 안아 줍니다.

😊 **TIP**

• 장난감을 가지고 역할 놀이를 하며 그림
카드의 내용을 표현해 볼 수도 있습니다.

보호자 가이드 이 놀이를 할 때는 아이가 경험한 과거의 실수를
알려 주기보다는 즐겁게 인사했던 경험을 기억하게 해 주세요.
또한 역할을 결정할 때 아이에게 주도권을 주어서 아이가 해 보
고 싶은 역할을 정하도록 유도해 볼 것을 권합니다. 아이 스스로
역할을 선택할 때 놀이에 더욱 즐겁게 참여할 수 있답니다.

우리 함께 힘을 모아요

관계 놀이

놀이 효과

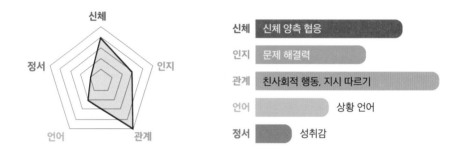

신체	신체 양측 협응
인지	문제 해결력
관계	친사회적 행동, 지시 따르기
언어	상황 언어
정서	성취감

놀이 소개

이 시기의 아이들은 자율성이 발달해 자신이 원하는 대로 해 보고 싶어 하는 욕구가 강합니다. 스스로 무언가를 해 보려고 시도하기도 하고, 좌절을 경험하기도 하지요. '우리 함께 힘을 모아요'는 타인과 힘을 합쳐 공동의 목표를 달성하는 경험을 선사하는 놀이입니다. 이 놀이를 통해 아이는 실패의 좌절감을 다스리고, 협력하는 자세를 배우게 될 거예요.

준비물

색 테이프, 바구니, 풍선, 미션 카드, 끈

놀이 목표

서로 협력해 몸의 움직임을 조절하고, 공동의 목표를 달성할 수 있어요.

☺ 놀이 방법

1 색 테이프로 바닥에 길을 만들고 바구니를 세워 둡니다. 풍선 5
개를 불어 놓습니다.

😮 **주의 사항** 걸으면서 다칠 만한 바닥의 물건들을 미리 정리해 둡니다.

2 미션 카드를 준비합니다. 가정에 프린터기가 있다면, 아래 문구를
출력해 만듭니다. 프린터기가 없다면, 종이에 미리 적어서 사용합니다. 우리에게 미션 카드가
도착했다고 말하며 아이에게 보여 줍니다.

> **미션 카드**
> "꼬꼬닭이 달걀(풍선)을 잃어버렸대요
> 보호자와 아이가 함께 달걀 5개를 바구니에 넣어 주세요.
> 단, 보호자와 아이의 다리가 3개가 되어야 해요.
> 바닥의 선을 따라 걸어 바구니까지 가져와야 해요."

3 바닥에 붙여진 색 테이프 길을 아이와 함께 살펴봅니다.
바구니까지 갈 수 있는 방법에 관해 이야기를 나누며, 서로의
다리를 하나씩 붙여 끈으로 묶습니다. 이렇게 하면 다리가 3
개가 됩니다.

4 달걀(풍선)을 떨어뜨리지 않도록 달걀(풍선)을 서로의
몸 사이에 끼고 꼭 안아 주어 이동하자고 이야기를
나눕니다. 아이와 바닥의 선을 따라 협력해
미션을 수행합니다.

5 미션이 끝나면 놀이에 관해 이야기를
나눕니다.

☺ **TIP**

• 아이가 놀이에 익숙해지면 보호자와 아이가 번갈아 가며 풍선을
집 안 여기저기에 숨기고, 다리를 묶고 함께 걸어 다니며 찾아보
는 방식도 좋습니다.

보호자 가이드 아이와 협력해 놀이할 때는
아이의 의사를 존중해 주는 것이 중요합니
다. 아이가 문제를 해결해 볼 수 있도록 어
떻게 하면 좋을지 물어보고, "창의적인 생
각이다!", "엄마(아빠)랑 같은 생각을 했네.
우리가 통했어!"라고 격려해 주세요.

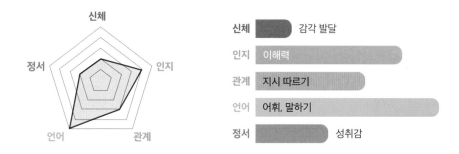

만 3 세

42 ~ 47 개월

신체 부위 수수께끼

언어 놀이

놀이 효과

신체		감각 발달
인지	이해력
관계	지시 따르기
언어	어휘, 말하기
정서		성취감

놀이 소개

만 3세 아이들은 신체 기능에 대해 이해하고 있으며, 신체 관련 어휘를 알고 표현할 수도 있어요. '신체 부위 수수께끼'는 아이가 자기 신체를 정확하게 인식하는 데 도움을 주는 놀이입니다. 아이는 이 놀이를 통해 다른 사람의 말을 듣고 행동하는 훈련을 할 수도 있답니다.

준비물

거울, 스케치북, 색연필

놀이 목표

신체 어휘 및 기능을 이해할 수 있어요.

😊 놀이 방법

1 큰 거울이나 손거울을 가져다 놓습니다. 거울이 없다면, 서로 마주 앉아 활동을 시작하면 됩니다. 아이와 함께 거울을 보거나 마주 앉아 얼굴을 봅니다.

2 아이와 보호자의 손, 목, 팔, 가슴, 배, 다리, 발을 찾아봅니다. 얼굴 부분은 아이가 거울로 확인하도록 합니다.

3 수수께끼를 내기 전, 신체 부위 기능에 관해 설명해 줍니다. "눈은 볼 수 있어요.", "코는 냄새를 맡을 수 있어요.", "입은 냠냠 먹을 수 있어요.", "귀는 소리를 들어요.", "손은 잡을 수 있어요.", "다리로 걸을 수 있어요."

4 보호자가 아이에게 신체 부위에 관한 수수께끼를 냅니다. 아이가 모두 맞히면 역할을 바꿔 아이가 수수께끼를 내도록 합니다.

😊 TIP

- 아이가 놀이를 어려워하지 않는다면, 보다 긴 문장의 구체적인 설명을 통해 신체 부위 기능을 이해하고 설명할 수 있도록 아이를 자극합니다. '신체 부위 수수께끼' 놀이를 충분히 즐겼다면, '사물 수수께끼' 놀이를 해 보아도 좋습니다.

- 그룹으로 '째깍째깍 퀴즈 타임' 놀이를 해도 좋습니다.

1 스케치북에 신체 부위를 하나씩 그립니다.

2 약 10초 동안 그림에 관해 간단하게 설명합니다. 이때 답을 제외한 간단한 단어나 문장을 사용할 수 있도록 합니다. 이 과정에서 아이가 부담을 느낄 수 있으므로 그림을 몸동작으로 표현해도 된다고 말해 줍니다.

3 설명을 듣고 정답을 말하면 통과, 시간 내에 대답하지 못하면 패스 처리를 합니다.

4 함께 맞힌 문제가 몇 개인지 살펴보며 즐겁게 마무리합니다. 이 과정은 역할을 바꾸어 한 번 더 수행합니다. 이때 정답 개수에 집중하기보다는 "너무 재밌었다!", "재밌게 설명하던데?" 같이 표현해 주면 좋습니다.

보호자 가이드 아이에게 질문한 다음 1~3초 정도 대답을 기다려 주세요. 아이가 대답하지 못하면, 넌지시 힌트를 주고 스스로 생각할 수 있도록 해 주면 됩니다. 이때 아이가 설명을 잘하지 못해도 끼어들지 말고, 아이 말이 다 끝나면 그 말을 정리하며 다시 질문해 주세요. 이렇게 정답을 맞히면 아이는 긍정적인 자극을 받는답니다. 역할을 바꿨을 경우, 아이가 내는 문제를 듣고 "모르겠는데 뭐지?"라고 하거나 일부러 엉뚱한 답을 말해 보세요. 아이가 재미있어 하면서 설명을 더 자세히 하려고 할 수도 있습니다.

룰루랄라 음악 시간

언어 놀이

놀이 효과

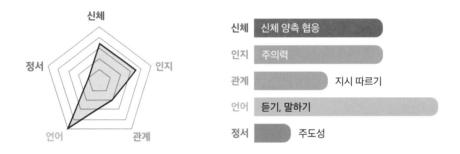

신체	신체 양측 협응
인지	주의력
관계	지시 따르기
언어	듣기, 말하기
정서	주도성

놀이 소개

이 시기의 아이들은 짧은 노래를 부를 수 있고, 미세한 소리의 크기 차이를 압니다. 또한 지시를 따르고 지시를 언어로 표현해 볼 수 있지요. 반대를 유추해서 말할 수 있고, 형용사를 사용하기도 해요. '룰루랄라 음악 시간'은 지시를 주의 깊게 듣고 따르는 능력, 상대적 의미를 파악하는 능력, 다양한 형용사를 이해하고 표현하는 능력을 길러 준답니다.

준비물

여러 악기(실로폰, 딸랑이, 셰이커 등)

놀이 목표

지시를 주의 깊게 들을 수 있어요. 상대적 의미를 이해하고 표현할 수 있어요.

☺ 놀이 방법

1 여러 악기를 바닥에 놓고 노래를 들을 준비를 합니다. 각자 악기를 들고 아이가 좋아하는 노래를 함께 부릅니다. 처음에는 아이가 좋아하는 방식대로 자유롭게 연주하게 둡니다. 이후 보호자 지시에 맞춰 크거나 작게, 빠르거나 느리게 연주하도록 합니다.

2 아이가 연주에 익숙해지면 노래를 들려주고, 어떻게 연주해야 하는지 이야기를 나누어 봅니다. 이후 아이가 다시 연주해 보게 합니다. 예를 들어 아이에게 <자장가> 노래를 들려주면서 어떻게 연주해야 하는지 물어봅니다. 아이가 어떻게 표현해야 할지 모른다면, '작게', '크게'처럼 선택지를 주고 아이가 선택하게 합니다. 아이가 자신이 말한 대로 연주해 보게 하면 됩니다.

3 상황을 들려주고 어떻게 연주하면 좋을지 이야기를 나눕니다. "조용히 자고 있어. 어떻게 연주하면 좋을까?", "친구가 놀러 왔어. 어떻게 연주하면 좋을까?", "친구랑 파티할 거야. 어떻게 연주하면 좋을까?" 각 상황에 맞추어 아이가 생각한 느낌대로 연주해 보게 합니다.

☺ TIP

- 아이가 어려워하면, 보호자가 노래를 직접 부르며 연주 차이가 극명하게 나타나도록 유도합니다. 목소리를 크거나 작게 조절하거나, 빠르기를 조절하는 식으로 유도하면 됩니다. 아이가 연주를 쉽게 해낸다면 보통 빠르기나 보통 크기의 소리로 부르면서 어떻게 연주할 것인지 묻고, 왜 그렇게 연주하고 싶은지 이야기를 나누면 됩니다.

- 노래에 맞추어 연기해 보아도 좋습니다. <자장가> 노래를 들으면 아이가 자는 시늉을 하거나 인형을 재우고, 신나는 노래를 들으면 일어나 춤추는 식으로 말이지요. 이때 아이나 인형의 이름을 넣어 노래를 불러 주어도 됩니다.

보호자 가이드 새로운 자극이나 물건, 소리에 예민한 아이의 경우, 섣불리 놀이를 시작하면 놀랄 수 있어요. 이때는 "이거 아무것도 아닌데 왜 그래!", "아무렇지도 않잖아!"라고 말하기보다는 아이가 악기를 조금씩 만져 보고 충분히 익숙해질 때까지 기다려 주는 것이 좋습니다. 녹음된 노래를 들려주기보다는 보호자가 편안한 목소리로 노래를 직접 불러 주는 것도 하나의 방법이 될 수 있어요.

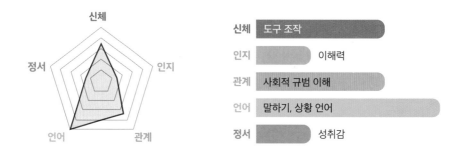

만 3 세
42 ~ 47 개월

특별한 날엔 무엇을 하지?
언어 놀이

놀이 효과

신체	도구 조작
인지	이해력
관계	사회적 규범 이해
언어	말하기, 상황 언어
정서	성취감

놀이 소개

3세 무렵의 아이들은 시간을 나타내는 용어를 이해할 수 있습니다. 또한 타인의 관점에서 현상을 바라볼 수 있으며, 역할 놀이를 하다가 이야기를 사건의 순서대로 나열할 수도 있어요. '특별한 날엔 무엇을 하지?'는 사건의 순서와 전반적인 이야기의 이해, 그리고 과거, 현재 시제를 이해하고 표현하는 데 도움이 되는 놀이랍니다.

준비물

특별한 날과 관련된 사진, 특별한 날 순서 카드, 요리 재료, 플라스틱 케이크 칼

놀이 목표

특별한 날을 이해하고, 상황의 순서를 이해하며 표현할 수 있어요.

😊 놀이 방법

1 특별한 날과 관련된 사진을 준비합니다. 아이와 특별한 날에 관해 이야기해 봅니다.
"오늘 우리는 특별한 날에 대해 알아볼 거야. 특별한 날에는 어떤 게 있을까?", "생일!", "맞아, 생일이
있지. 추석도 있고, 소풍 가는 날도 특별한 날이겠다."

2 특별한 날에는 무엇을 하거나, 무엇을 먹는지 이야기해 봅니다.
"생일에는 뭐 하지?", "케이크! 선물도 받아요.", "그렇지. 케이크에 초를 꽂고 촛불도 켜고 선물도
받지."

3 특별한 날에 맞는 순서 카드와 요리 재료를 준비합니다. 요리 놀이를 하기 전, 먼저 순서 카드
맞추기를 해 봅니다.
"우리 케이크도 만들고 생일 파티도 할 거야. 먼저 이 사진을 보자. 사진 순서가 뒤죽박죽이네. 우리
○○이가 순서대로 맞춰 볼까?"

4 요리 놀이를 해 봅니다. 예를 들어 생일 케이크는 이렇게 만들 수 있습니다.

① 케이크 과자에 플레인 요구르트 등을 크림처럼 붓고 과일이나 젤리로 꾸밉니다. 생일
케이크 놀이를 좀 더 쉽게 하고 싶다면, 시판 케이크를 사 와도 됩니다.
② 노래를 부르고 초를 끕니다.
③ 케이크를 나누어 먹습니다.

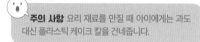 **주의 사항** 요리 재료를 만질 때 아이에게는 과도
대신 플라스틱 케이크 칼을 건네줍니다.

5 놀이를 마친 후 뒷정리를 함께하며 아이의 기분을 물어봅니다.
다음 특별한 날에는 무엇을 해 볼지 이야기를 나눕니다.

😊 **TIP**

• 아이가 순서 익히기를 어려워할 수 있습니다. 그럴 때는 "우리
이거 한 다음에 이거 할 거야."라고 미리 알려 주거나, 놀이 도중
"우리 이제 뭐 할 거라고?"처럼 확인하는 말을 건네면 좋습니다.

• 놀이 중간에 아이의 사진을 여러 장 찍어 둡니다. 놀이가 끝난 다
음, 사진을 시간 순서대로 맞춰 보고 이야기를 나누어 봅니다. 순
서를 다 맞춘 공책에 붙여 앨범을 만들거나, 거실이나 방 한쪽에
걸어 둡니다. 다른 가족들과 사진에 관해 이야기하는 시간을 가
져도 좋습니다. 추후 만 4세 언어 놀이인 '특별한 날을 기억해요'
와 연계해서 진행하면 좋습니다.

보호자 가이드 아이가 처음에는 순서를 간
단하게 이야기할 수 있습니다. 이때 "길게 이
야기해야지.", "무슨 말이야?", "다시 이야기
해 봐."처럼 아이를 재촉하지 말아 주세요. 대
신 보호자가 아이의 문장에 한두 단어를 덧붙
여 시범을 보여 주는 편이 더 낫습니다. 이 방
법은 아이의 언어 발달 촉진에도 도움이 될 수
있어요. 아이가 이야기를 마치면 "이야기 잘한
다.", "우리 이때 진짜 재미있었지?", "우리 다
음에도 재미있게 놀자."처럼 칭찬을 건네며 다
음을 기약하면 됩니다.

만**3**세

42 ~ 47
개월

내 이름으로 만든 그림

언어 놀이

놀이 효과

신체		공간 지각
인지	시지각	
관계	지시 따르기	
언어	한글	
정서	성취감	

놀이 소개

아이들은 '단어-음절[1]-음소[2]' 순서로 글자를 인식합니다. 이 시기의 아이들은 자신과 가족의 이름에 관심을 가지면서 가방, 바지 등 약 10개 정도의 이름과 관련된 통글자를 알아보기 시작해요. 이와 관련된 놀이 활동을 통해 아이는 자신의 이름을 기억하고, 글자를 인식하는 방법을 익히게 됩니다. '내 이름으로 만든 그림'은 아이가 자신의 이름 글자를 재미있게 인식할 수 있도록 모양 찾기 형식으로 구성된 놀이예요. 아이는 이 놀이를 통해 글자를 재미있게 익힐 수 있답니다.

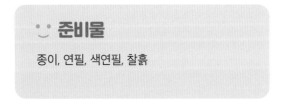

준비물

종이, 연필, 색연필, 찰흙

놀이 목표

나와 가족의 이름을 통해 글자를 인식할 수 있어요.

---

1 음절: 자음과 모음이 결합해 뭉치로 이루어진 소리의 덩어리 (예: 가, 방, 바, 지)

2 음소: 단어의 의미를 구별 짓는 최소 단위 (예: /ㄱ/, /ㅏ/, /ㅂ/, /ㅏ/, /ㅇ/)

☺ 놀이 방법

1 글자 크기에 맞는 동그라미, 세모, 네모 모양 종이를 준비합니다.

2 종이에 아이의 이름, 가족 이름, 친구 이름 등을 씁니다. 아이에게 각 이름이 누구의 이름인지
설명하고, 이름에 대해 알아보자고 말합니다.

3 먼저 아이 이름으로 시작합니다. 아이와 함께 이름 속에 숨어 있는 모양을 찾아보고, 찾은 모양을
글자 위에 붙여 보거나 이름 위에 색연필로 모양을 그리고 색칠합니다.

4 보호자는 종이에 아이의 이름을 속이 빈 글자로 씁니다. 그런 다음
아이와 함께 찰흙을 떼어 길게 늘이고 구부리며 테두리에
붙입니다.

5 완성된 이름을 읽어 보게 합니다.
그다음 친구나 가족의 이름을
만들어 봅니다.

☺ TIP

• 아이 이름에 받침이 많은 경우, 아이가 놀이
를 어려워할 수도 있습니다. 이럴 때는 가족
이름 중 쉬운 이름부터 골라 활동을 시작하
면 됩니다.

• 아이의 이름과 가족의 이름을 음절 단위로
잘라 이름 퍼즐 맞추기 놀이를 해도 됩니다.
아이가 놀이를 어려워하면, 2음절+1음절 단
위로 이름 조각을 나눌 것을 추천합니다. 예
를 들면 '서/하/윤'으로 나누거나 '서/하윤'으
로 나누는 것이지요.

> **보호자 가이드** 이름을 정확하게 읽고 쓰기보다는 나의 이름과
> 친숙한 사람의 이름 글자에 관심을 가질 수 있게 도와주는 놀
> 이입니다. 따라서 아이에게 "읽어 봐.", "그게 아니지.", "이게 뭐
> 더라?"라고 말하기보다는 "이건 ○○이 이름이네.", "같이 읽
> 어 볼까?", "여기에 동그라미가 있네?", "또 어떤 모양이 있지?",
> "어머, 이건 오이처럼 길쭉길쭉하네." 같이 아이의 관점에서 바
> 라보고 표현하는 말을 해 주는 것이 좋아요. 그러면 아이는 스
> 스로 이름을 읽어 보고 싶은 동기를 얻을 수 있고, 글자를 읽으
> 며 자신감도 키울 수 있답니다.

나의 이야기책 ⑴

언어 놀이

놀이 효과

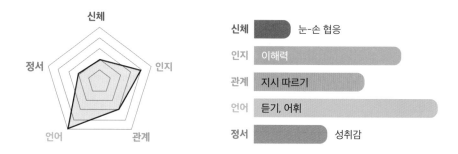

신체	눈-손 협응
인지	이해력
관계	지시 따르기
언어	듣기, 어휘
정서	성취감

놀이 소개

이 시기의 아이들은 이야기를 듣고, 일어난 순서대로 하나 또는 두 개의 사건을 포함해 이야기할 수 있어요. '나의 이야기책(1)'을 통해 이야기 말하기 능력을 강화하고, 일상생활에서 논리적으로 자기 생각을 표현하는 능력을 기를 수 있답니다.

준비물

그림책 주요 장면 인쇄물, 스케치북, 가위, 풀

놀이 목표

세 장면으로 이야기 중심 내용을 쉽게 이해하고, 제삼자에게 다시 재미있게 전달할 수 있어요.

☺ 놀이 방법

1 아이가 평소 좋아하는 그림책을 몇 가지 선정하고, 그림책마다 주요 장면 3컷을 미리 인쇄해 준비해 둡니다. 예를 들어 『빨간 망토』라면 '①늑대를 만나다-②늑대가 할머니를 잡아먹다-③사냥꾼이 늑대를 물리치다', 『아기 돼지 삼형제』라면 '①첫째 돼지의 짚으로 만든 집이 후 불면 날아가다-②둘째 돼지의 나무판자로 만든 집이 후 불면 날아가다-③셋째 돼지의 벽돌집이 후 불어도 날아가지 않다' 처럼 장면을 잡아 주면 됩니다.

2 보호자는 아이와 마주 앉아 그림을 가리키며 인물, 사물, 장소 등 핵심 단어를 말해 줍니다. 아이가 단어를 모른다면, 이야기를 이해하는 데 어려움이 있을 수 있으므로 아이가 알고 있는 어휘인지 하나하나 확인하며 자연스럽게 알려 줍니다.

3 그림 하나당 한두 문장 정도로 이야기를 들려줍니다.

4 아이와 충분히 이야기를 나눈 후 그림을 섞어서 이야기 순서를 맞춰 보도록 합니다.

5 아이가 이야기 순서를 이해했다면, 스케치북에 그림을 붙여 '나만의 책'을 만들어 보자고 합니다.

6 '아이-보호자-아이' 순서로 주고받으며 이야기 말하기를 해 봅니다. 아이가 먼저 시작하지 못할 경우에는 '보호자-아이-보호자' 순서로 놀이를 진행하고, 다음에 아이가 스스로 이야기를 말할 수 있도록 유도해도 됩니다. 아이가 그만하고 싶어 하면 활동을 중단하고, 다른 가족에게 이야기를 들려주도록 합니다.

☺ TIP

• 아이가 좋아하는 영상, 영화 등의 주요 장면을 3컷씩 캡처해 보여 주며 이야기를 나누어도 됩니다. 아이가 이야기를 잘 이해했는지 간단히 질문해서 확인하고, 아이가 대답을 잘하지 못한다면 해당 장면을 보여 주면서 설명해 주세요. 반대로 아이에게 퀴즈를 내 보라고 해도 됩니다. 마지막 장면 이후에 일어날 일을 추측해 보거나 이야기와 관련된 경험에 관해 대화를 나눌 수도 있습니다. 다만 아이 입장에서는 추측해 이야기하는 것이 어려울 수 있으므로 아이가 모르겠다고 반응하는 경우, "이렇게 됐을 것 같은데?"라고 말하며 시범을 보여도 됩니다.

보호자 가이드 아이가 지루해하거나 하기 싫어하면 혹시 모르는 어휘가 있는지, 너무 긴 문장으로 어렵게 설명하지는 않았는지, 아이에게 이야기를 정확하게 말하도록 강요하지는 않았는지 보호자 스스로 점검해 보세요. 이야기를 듣고 말하는 것이 즐겁다는 점을 느끼게 하려면, 아이가 주도적으로 그림을 만지고 가리키고 살펴보며 이야기 책을 완성할 수 있도록 유도해야 합니다.

쭉쭉 마음대로 그려요

정서 놀이

놀이 효과

신체	도구 조작
인지	시지각
관계	친밀감
언어	말하기
정서	감정 조절, 주도성

놀이 소개

이 시기의 아이들은 소근육 발달 특성으로 형태 없이 끼적이는 듯한 그림을 그리곤 해요. 무엇을 그린다는 목적이 없기도 하고, 끼적이며 무언가 설명하기도 하지요. '쭉쭉 마음대로 그려요'를 통해 자유롭게 끼적이고 다양하게 표현해 볼 수 있어요. 아이는 자신이 표현한 그림들이 작품이 되어 인정받는 경험을 하면, 마음이 편안해질 뿐만 아니라 자신만의 특별함을 존중받는 느낌이 든답니다.

준비물

전지, 색연필, 사인펜, 물감, 분무기

놀이 목표

몸을 잘 움직여야 한다는 부담에서 벗어나 심리적 이완을 경험할 수 있어요. 심리적 이완을 통해 성취감을 느낄 수 있어요.

😊 놀이 방법

1 아이에게 난화 그림에 관해 설명합니다. 집 한쪽 벽면에 전지를 여러 장 붙여 놓고, 여기에 다양하게
선을 그어 난화 작품을 만들어 볼 것이라고 말합니다.

2 아이에게 색연필을 주고, 다양하게 선을 그어 마음껏 그리도록 독려합니다.

3 아이에게 어디가 마음에 드는지 물어보고, 왜 그 부분이 마음에 들었는지 이야기를 나누어 봅니다.
아이가 색깔이나 모양에 대해 표현하면, 아이가 표현한 부분을 잘라서 액자처럼 방에 걸어 줍니다.

4 아이와 제목을 정해 보고 '난화 작가: ○○○/제목: ○○○'이라고 적어서
아이의 생각을 정리해 볼 수 있도록 도와줍니다.

😊 **TIP**

- 긴장도가 높은 아이의 경우, 놀이 자체를 부담스럽게 생각할 수
있습니다. 이럴 때는 보호자가 먼저 색연필로 낙서하듯 선을 표
현하는 시늉을 해 주세요. 그러면 아이가 훨씬 편안한 마음으로
놀이할 수 있을 것입니다.

- 욕실이나 베란다 벽면에 물감으로 난화를 표현하는 놀이를 할
수도 있습니다. 사인펜으로 난화를 그린 후 분무기로 물을 뿌려
번지는 과정을 관찰해도 좋습니다.

보호자 가이드 아직 형태가 있는 그림을
그리기는 어려운 시기이므로 아이가 편안
하게 마음껏 표현할 수 있도록 독려하는 것
이 중요합니다. 공간에 대한 이해를 바탕으
로 선을 표현할 수 있도록 전지의 양을 조
절해 주세요.

내 장난감 친구의 마음을 상상해 보아요

정서 놀이

놀이 효과

신체		감각 발달
인지		이해력
관계		조망 수용
언어		상황 언어
정서		감정 어휘, 공감

놀이 소개

이 시기의 아이들은 '물활론적 사고'가 발달하면서 모든 사물이 살아 있다고 생각해 무생물에도 생명과 감정을 부여합니다. 그래서 장난감에 말을 걸기도 하지요. 아이는 '내 장난감 친구의 마음을 상상해 보아요'를 통해 장난감에 빗대어 편안하게 감정을 표현하기도 하고, 보호자가 사용하는 감정 표현들을 배울 수 있어요. 아이 스스로 장난감을 의인화하는 경험은 감정에 대한 이해와 공감 능력을 키우는 데 도움이 된답니다.

준비물

표정 스티커, 아이가 좋아하는 장난감

놀이 목표

상상을 통해 다양한 감정을 유추해 볼 수 있어요.

☺ 놀이 방법

1 아이와 표정 스티커를 보며 행복, 슬픔, 분노 등의 감정에 관해 이야기를 나눕니다. 이 표정은 어떤 표정인지, 보호자가 언제 이런 표정을 보였는지, 나는 언제 이런 표정을 지었는지, 이러한 표정을 지을 때 나의 행동이 어떤지에 관해서도 이야기해 봅니다.

2 아이가 좋아하는 장난감들을 가져옵니다. 각 장난감에 어울리는 표정이 어떤 것인지 묻고, 장난감에 표정 스티커를 붙여 줍니다. 장난감이 왜 그런 표정을 하고 있는지 아이에게 생각을 물어봅니다.

3 장난감이 슬픈 표정일 경우, "속상했구나. 슬펐겠다. 내가 토닥토닥 위로해 줄게."라고 말하면서 공감과 위로의 표현을 알려 줍니다. 아이에게 "이 장난감의 슬픈 마음을 위로해 줄까?"라고 제안하며 마음을 표현해 보게 합니다.

4 아이가 장난감에 붙여 준 표정을 활용해 장난감 표정에 맞는 상황을 표현하며 역할 놀이를 합니다. 슬픈 표정의 스티커가 붙은 자동차를 들고 "난 오늘 너무 슬퍼. 엄마, 아빠가 내가 사고 싶은 장난감을 못 사게 했어. 그래서 눈물이 나."라는 식으로 이야기하면 됩니다.

☺ TIP

• 아이가 놀이에 익숙해지면 휴대폰에 있는 다양한 사진을 보고, 이때 어떤 표정인 것 같은지 이야기를 나누며 그 표정을 따라 해 볼 수도 있습니다.

보호자 가이드 아이는 아직 감정을 명확하게 표현하기가 어려울 수 있습니다. 그럴 때는 보호자가 먼저 아이가 경험한 상황을 장난감에 대입해 표현해 주세요. 그러면 아이가 감정을 쉽게 이해하게 될 것입니다. 아이가 경험한 상황을 하나하나 설명하기보다는 역할 놀이를 통해 자연스럽게 상황을 이해하도록 유도해 주세요.

나는 무슨 색깔일까요?

정서 놀이

놀이 효과

신체	도구 조작
인지	수학적 사고
관계	친밀감
언어	어휘
정서	자아 존중, 주도성

놀이 소개

이 시기의 아이들은 서너 개의 색깔을 인지할 수 있습니다. '나는 무슨 색깔일까요?'를 통해 나만의 특별한 색깔을 만들어 이름도 지어 볼 수 있어요. 아이는 색깔 혼합을 통해 감정을 해소하고, 창의적인 생각을 표현하며, 자신만의 특별함을 느낄 수 있답니다.

준비물

팔레트 또는 종이 접시, 물감, 물, 뚜껑이 있는 빈 병, 필기구

놀이 목표

아이가 자신만의 특별함을 인식할 수 있어요.

☺ 놀이 방법

1 팔레트나 종이 접시에 여러 가지 색깔의 물감을 준비해 놓습니다.

2 아이와 다양한 물감 색깔을 탐색해 보고, 팔레트에 색깔들을 혼합해 봅니다. 색깔을 섞어 보면서
접시별로 어떤 색깔이 나오는지 탐색해 봅니다.

3 다양하게 색을 혼합한 다음, 가장 마음에 드는 색깔을 선택합니다. 이 색깔이 왜 마음에 드는지, 어떤
이름을 지어 주고 싶은지, 어떻게 해서 이런 색깔이 나왔는지 이야기를 나눕니다.

4 아이가 마음에 들어 한 색깔의 물감들을 준비합니다. 미리 준비한
빈 병에 물감을 짜서 나만의 색깔을 만들어 보자고 말합니다.
병뚜껑에 '우주 색', '딸기우유 색', '젤리 색' 등 아이가 만든 색깔
이름을 적습니다. 나를 색깔로 표현하면 어떤 생각이
드는지 이야기를 나누어 봅니다.

마음 배달 기차

정서 놀이

😊 놀이 효과

신체	도구 조작
인지	이해력
관계	친밀감
언어	상황 언어
정서	감정 어휘, 자기 감정 인식

😊 놀이 소개

이 시기의 아이들은 자신의 감정을 말로 표현하는 방법을 배워 갑니다. 나의 마음이 어떠한지 구체적으로 이해하면, 떼쓰거나 울면서 화내는 신체적 행동을 조절하는 데 도움이 됩니다. 아이는 '마음 배달 기차'를 통해 감정을 인식하며 말로 표현해 볼 수 있고, 보호자는 아이의 감정에 따른 위로, 응원, 격려를 표현해 줄 수 있어요. 아이는 이 놀이를 통해 감정을 이해하고, 어떻게 감정을 표현하고 주고받는지 배울 수 있답니다.

😊 준비물

감정 카드(즐거움, 뿌듯함, 슬픔, 놀람, 화남), 5가지 색깔의 점토, 기차 장난감

😊 놀이 목표

내가 느끼는 감정이 다양하다는 사실을 이해할 수 있어요.

놀이 방법

1 아이가 유치원에서 돌아오면 아이의 안부를 묻고, 보호자의 하루는 어땠는지 감정 카드를 통해 설명해 줍니다. 아이에게도 감정 카드를 보여 주며 오늘 유치원에서 즐거운 일은 무엇이었는지, 슬픈 표정을 지을 만한 일은 무엇이었는지 물어봅니다.

2 아이에게 5가지 색깔의 점토를 보여 주고, 감정 카드와 잘 어울릴 것 같은 색깔을 연결해 올려놓도록 합니다. 왜 이 색깔과 이 표정이 어울리는지 이야기를 나눕니다.

3 감정과 연결한 색깔의 점토를 기차 장난감에 올려 보도록 합니다. 아이에게 "(즐거운) 마음 배달 갑니다."라고 말하며 기차 장난감을 보호자에게 보내도록 합니다. 보호자는 "우와, 나도 함께 즐거운 마음을 선물 받은 것 같아."라고 말하며 돌려보내 줍니다.

4 슬픔과 화남에 대해서는 마음에 공감하며 돌려보내 줍니다.
"슬펐구나. 내가 위로의 마음을 담아서 보내 줄게."

TIP

- 영화 <인사이드 아웃>이나 <캐치 티니핑>의 캐릭터를 활용할 수도 있습니다. 감정에 이름을 붙여 표현해 보세요.
- 아이가 아직 감정을 명확하게 이해하고 인식하는 것이 어려울 수 있습니다. 대략적으로 '이만큼인 것 같다. 이런 감정이구나.' 정도 경험하는 것을 목표로 하면 됩니다. 아이 스스로 자신의 감정이 누구나 경험하는 감정임을 알도록 도와주세요.

보호자 가이드 아이들은 보호자의 일상에서 무슨 일이 있었는지 궁금해합니다. 그래서 보호자의 이야기를 듣는 것을 좋아하지요. 아이가 자신의 수준에서 이야기를 이해할 수 있도록 눈을 맞추며 너무 길지 않게 일상을 나누어 주세요.

마음 식당

정서 놀이

놀이 효과

신체		감각 발달
인지	이해력	
관계	친밀감	
언어		상황 언어
정서	감정 어휘, 주도성	

놀이 소개

기쁨, 행복, 슬픔, 분노, 놀람을 '1차적 정서'라고 하고 수치심, 부끄러움, 죄책감, 자부심을 '2차적 정서'라고 합니다. 이 시기의 아이들은 사람들과의 상호 작용을 통해 2차적 정서가 많이 발달해요. 그렇지만 자신이 경험하는 감정이 어떤 것인지 명확히 인식하거나 표현하기는 아직 어렵습니다. 그래서 감정을 이해하고 표현하는 과정을 배워야 해요. '마음 식당'은 표정을 통해 감정을 이해하고 표현해 보면서 즐겁게 감정에 대해 배울 수 있는 놀이입니다.

준비물

인형, 식빵, 잼, 초콜릿, 젤리, 다양한 토핑 재료, 접시

놀이 목표

감정에 따른 표정의 변화를 이해할 수 있어요.

⌣ 놀이 방법

1 아이에게 오늘은 요리사가 될 것이라고 말합니다. 식당에서 보았던 메뉴판에 관해 이야기하고, 오늘 놀이에 필요한 아래 메뉴판을 보여 줍니다.

❀❀❀❀ **마음식당 MENU** ❀❀❀❀

부글 와그작 브레드 (　　)원
화가 날 때 와그작 먹으면
스트레스가 풀리는 맛!

랄랄라 즐거움 브레드 (　　)원
랄랄라 즐거울 땐 콧노래가 나와요.
즐거움이 두 배가 되는 맛!

이안해 사과 브레드 (　　)원
누구나 실수할 수 있어요.
사과할 수 있는 용기를 주는 맛!

눈물 주르륵 브레드 (　　)원
누구나 슬플 때가 있어요. 슬플 땐 참지 말고
울어도 돼요. 슬픔을 위로해 주는 맛!

사랑 고백 브레드 (　　)원
소중함을 인정받는 사랑의 마음.
따뜻한 마음이 가득해지는 맛!

고마워 브레드 (　　)원
고마움을 전하면 함께 행복해져요.
마음을 전하며 행복해지는 맛!

2 아이와 메뉴판의 각 메뉴를 살펴보며 어떨 때 이러한 음식을 시켜 볼 것 같은지, 누구에게 이 음식이 필요한지 이야기를 나누어 봅니다. 식당에 있는 재료를 소개하며, 어떻게 메뉴들을 만들 수 있을지 의논합니다.

3 아이의 인형들을 가지고 와 손님으로 삼습니다. 보호자와 아이가 함께 요리사가 될 것인지, 아이 혼자 요리사가 될 것인지, 인형과 함께 손님이 될 것인지 역할을 정해 봅니다. 역할에 따라 손님은 메뉴를 주문하고, 요리사는 식빵에 잼을 바르고 초콜릿과 젤리로 표정을 만듭니다. 이외에 다양한 토핑 재료로 식빵 얼굴을 꾸며 봅니다.

> 😮 **주의 사항** 토핑을 올릴 때 한 번에 많은 양을 사용하지 않도록 도와줍니다.

4 요리사는 손님에게 음식을 주면서 음식에 관해 설명합니다.

"이 메뉴는 '미안해 사과 브레드'예요. 누구나 실수할 수 있어요. 사과할 수 있는 용기를 주는 맛이에요. 맛있게 드세요."

함께 나누어 먹어 보면서 이 음식의 표정이 어떤지에 관해 이야기를 나눕니다.

😊 **TIP**

- 아이들은 아직 악력이 약하므로 원하는 만큼 손 조작이 어려울 수 있습니다. 미각이 민감한 경우, 먹는 것을 불편해할 수도 있어요. 끈적끈적한 촉감을 부담스러워할 수도 있고요. 보호자가 먼저 시범을 보여 주면서 아이가 놀이를 쉽게 느낄 수 있도록 도와주세요. 아이가 좋아하는 맛을 선택하게 해도 됩니다.

- 아이가 놀이에 익숙해지면, 보호자가 주문하는 표정의 음식을 아이가 만드는 놀이를 해 보세요. 혹은 슬픈 표정에는 웃는 표정의 음식을 만드는 식으로 표정-음식 대응을 변형한 놀이를 시도해도 좋습니다.

보호자 가이드 표정과 감정을 외우라고 하기보다는 감정에 따라 표정이 자연스럽게 달라진다는 사실을 이해할 수 있도록 유도해 주세요.

3장

만 4세(48~53개월)

나의 경험을
말로 표현할 때가
많아져요

만4세 응가가 부지직

48~53 개월

신체 놀이

놀이 효과

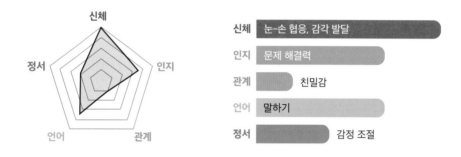

신체	눈-손 협응, 감각 발달
인지	문제 해결력
관계	친밀감
언어	말하기
정서	감정 조절

놀이 소개

아이들의 촉각은 사물을 쥐고, 밟고, 먹는 과정에서 발달합니다. 아동기에는 다양한 촉각 경험을 해야 해요. 특히 충분히 더러워지는 경험을 할 필요가 있습니다. 이 경험이 촉각 자극에 대한 인식을 높이고, 자극을 구별하게 하기 때문이지요. 아이는 '응가가 부지직'을 통해 촉감에 대한 호불호를 가지고, 이를 표현할 수 있게 된답니다.

준비물

바나나, 믹싱 볼, 전분 가루, 물, 비닐(지퍼 백), 가위, 쟁반, 캐릭터 모양 과자 또는 장난감 모형, 숟가락(또는 국자, 주걱), 생크림 등을 짜는 주머니

놀이 목표

아이 스스로 재료를 만지고 다룰 수 있어요.

😊 놀이 방법

1 아이에게 놀이에 관해 설명합니다.
"우리 이 바나나로 부지직 응가를 만들자. 바나나 응가가 다 되면 배에 태워 줄까?"

2 바나나 껍질을 벗긴 다음 대충 잘라 믹싱 볼에 넣습니다. 맨손으로 바나나를 주물러 으깹니다.

3 으깬 바나나에 전분 가루와 물을 넣고 되직하게 반죽합니다.
아이가 직접 물의 양을 조절하도록 돕습니다.

> 😮 **주의 사항** 반죽은 잘 말린 다음 쓰레기봉투에 담아 버립니다. 전분이 섞인 재료를 그대로 하수도에 흘려 보내면 하수도가 막힐 위험이 있습니다.

4 완성된 반죽을 비닐(지퍼 백)에 넣고 묶습니다. 끝을 조금 잘라 구멍을 냅니다.

5 쟁반 위에 반죽을 짭니다. "부지직, 응가가 나왔네!"라고 반응합니다.
쟁반 위의 반죽을 다시 비닐에 담고 같은 행동을 반복합니다.

6 반죽을 바나나 껍질 위에 짜면서 마치 바나나 모양의
나룻배 위에 짐을 싣는 것 같은 느낌을 낼 수도
있습니다. 집에 작은 캐릭터 모양 과자나 장난감
모형이 있다면, 바나나 배 옆에 두고 역할극을
해 보면 좋습니다. 캐릭터가 바나나 배
위에 응가를 옮기는 것처럼 상황을
꾸며도 괜찮습니다.

😊 TIP

• 아이가 바나나를 맨손으로 만지기 싫어한다면 숟가락이나 주걱, 국자 등을 사용해도 좋습니다.

• 집에 생크림 등을 짜는 주머니가 있다면, 처음부터 주머니 안에 바나나와 전분 가루, 물을 넣고 반죽해도 됩니다.

보호자 가이드 감각이 예민한 아이일수록 촉각 구별 훈련을 자주 해야 해요. '촉각 구별'이란 시각 정보 없이 촉감만으로 사물을 구별하는 능력을 말합니다. 고유 감각을 기르는 것도 좋아요. '고유 감각'은 사물을 보지 않고도 자세와 힘주는 정도를 아는 근육 감각을 의미합니다. 놀이 전, 준비 운동으로 '손바닥 씨름'이나 '손수레 걷기'(만 4세 신체 놀이 '손으로 엉금엉금' 참조)를 해 보세요. 반죽의 낯선 자극에 대한 저항감이 한결 줄어들 것입니다.

<'손바닥 씨름' 방법>
1 서로 마주 보고 서서 손바닥을 마주 댑니다.
2 힘을 주어 손바닥을 부딪치면서 서로 밀어 봅니다.
3 발이 먼저 떨어진 사람이 집니다.

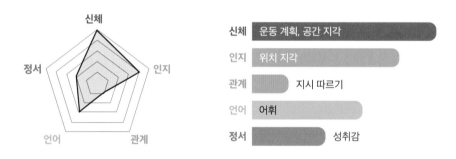

만4세 우리 집은 작은 체육관
48~53 개월

신체 놀이

놀이 효과

신체	운동 계획, 공간 지각
인지	위치 지각
관계	지시 따르기
언어	어휘
정서	성취감

놀이 소개

우리는 움직이는 동안 움직임의 방향과 속도를 인식합니다. 눈을 감고 있어도 내 팔이 어떤 자세를 취하고 있는지 알고, 눈을 감고 있어도 내가 탄 엘리베이터가 올라가는지 내려가는지 혹은 빨리 움직이는지 느리게 움직이는지 알지요. 이는 몸에서 오는 감각들을 인식하기 때문입니다. 이런 감각들을 발달시키기 위해서는 다양한 활동을 하면서 몸을 다양하게 써 보는 것이 중요해요. '우리 집은 작은 체육관'은 아이의 감각들을 발달시키는 데 도움이 되는 놀이입니다. 아이는 몸을 직접 써 보면서 몸의 위치와 힘의 강도, 움직임의 속도를 조절하는 능력을 배울 수 있답니다.

준비물

소파(또는 방석, 이불), 작은 장난감 또는 간식, 낮은 의자, 매트

놀이 목표

아이 스스로 몸을 효율적이고 안정적으로 움직이는 법을 터득할 수 있어요.

☺ 놀이 방법

1 가구의 날카로운 모서리 위에 천이나 스티로폼 등을 씌웁니다.

2 소파를 벽에서 떼어 배치합니다. 소파가 2개 있다면, 서로 마주
놓아도 좋습니다.

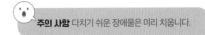

주의 사항 다치기 쉬운 장애물은 미리 치웁니다.

3 아이에게 소파 위로 기어올라 보라고 합니다. 그다음 미리 정해 놓은 착지 위치로 뛰어내리게 합니다.
2개의 소파를 마주 놓았다면, 하나의 소파에서 다른 소파로 뛰어 보라고 합니다.

4 두 소파의 간격을 점점 벌려 멀리 뛰게
합니다. 착지 위치에 작은 장난감이나
간식 등을 놓습니다. 아이가 한 번
착지에 성공할 때마다 장난감이나
간식을 보상으로 줍니다.

☺ TIP

- 점프 단계를 서서히 높이면 좋습니다. 처음에는 낮은 의자에서
바닥으로 뛰어 보라고 합니다. 아이가 자신감이 붙으면 소파에
서 소파로 뛰어 보라고 합니다. 다만, 의자는 가벼워서 아이가 앞
으로 뛰다 넘어질 위험이 있습니다. 반드시 의자를 벽에 붙이고
앞쪽에 매트를 깔아 매트로 뛰어내릴 수 있도록 해야 합니다.

- 소파가 없을 때는 방석, 이불 등 패브릭 제품을 활용하면 됩니다.
문틀에 산을 만든 다음, 아이에게 산을 넘어 보라고 해 보세요.

보호자 가이드 아이가 점프를 무서워할 수
도 있습니다. 이럴 때는 "혼자 뛰려니까 조
금 무섭지? 자, 엄마(아빠) 손잡고 해 볼
까?"라고 말하며 아이를 독려해 주세요. 아
이가 한 번이라도 성공하면 한껏 응원해 주
고, 그다음에는 아이 혼자 뛰어 보라고 해
보세요.

같은 과일 다른 맛

신체 놀이

놀이 효과

신체	감각 발달, 구강 운동
인지	주의력
관계	친사회적 행동
언어	어휘
정서	성취감

놀이 소개

아이에게는 식사 시간도 배움의 기회입니다. 식사 때 다양한 식재료를 접하며 새로운 맛과 질감을 탐색할 수 있기 때문이지요. 도구를 사용하면서 운동 기술도 발달해요. 다른 사람과 식사하며 사회적 접촉을 경험하기 때문에 사회적 상호 능력도 높아집니다. 이 시기의 아이들은 달다, 시다, 맵다, 짜다 등 맛의 종류를 간단하게 말할 수 있어요. 하지만 같은 과일이라도 조금씩 그 맛이 다릅니다. '같은 과일 다른 맛'은 맛에 대한 감각을 발달시키는 데 도움이 되는 놀이예요. 이 놀이를 통해 서로의 맛 취향에 관해서도 이야기 나눌 수 있지요.

준비물

비슷한 계열의 과일들(청포도, 포도, 샤인 머스캣 / 귤, 오렌지, 한라봉 / 빨간 사과, 초록 사과 등), 과도, 플라스틱 케이크 칼, 끝이 뾰족하지 않은 꼬치 막대

놀이 목표

비슷한 과일의 맛과 특성을 구별할 수 있어요.

🙂 놀이 방법

1 비슷한 계열이지만 맛은 미묘하게 다른 과일들을 준비합니다.

2 과일을 하나씩 먹어 봅니다. 맛이 다른지, 맛이 다르다면 어떻게 다른지 이야기를 나눕니다.
"귤과 오렌지, 한라봉은 서로 비슷하게 생겼네. 맛은 조금씩 다른 것 같아. 어때? 이건 조금 더
새콤하고 이건 조금 더 달콤하네. 너는 어떤 게 제일 맛있니?"

3 종류가 같은 여러 개의 과일 중 가장 맛있는 것을 찾아봅니다. 예를 들어 귤 여러 개를 모두 까서
맛을 비교해 보고, 각자의 취향도 공유해 봅니다. 아이에게 사람마다 기호가 다양하다는 사실을 알려
줍니다.
"새콤한 맛을 좋아하는 사람도 있고, 달콤한 맛을 좋아하는 사람도 있어."

4 아이에게 마음에 드는 과일들을 고르게 합니다. 과일을 작게 잘라
과일 꼬치를 만듭니다. 상대방이 선호하는 과일을 고른 다음,
서로를 위한 꼬치를 만들어 보아도 좋습니다.

> 😮 **주의 사항** 과일꼬치를 만들 때 아이가 손을 다치지
> 않도록 주의합니다.

> **보호자 가이드** 아이가 좋아하던 과일을 갑
> 자기 안 먹을 수 있습니다. 이럴 때는 같은
> 과일이라도 맛이 천차만별이라는 사실을
> 알려 주면 좋습니다. 과일들을 펼쳐 놓고
> "우리 여기서 가장 맛있는 귤을 찾아볼까?"
> 라고 말하며, 아이 스스로 과일의 맛을 탐
> 색하도록 도와주세요.

신체 놀이

손으로 엉금엉금

놀이 효과

신체	자세 조절, 신체 양측 협응
인지	문제 해결력
관계	친사회적 행동
언어	상황 언어
정서	성취감

놀이 소개

우리의 몸은 중심부터 팔다리 방향으로, 머리부터 발 방향으로 발달해요. 아이의 움직임도 인체의 기초적인 발달 단계를 따라가지요. 영아는 제일 먼저 목을 가누면서 움직임을 시작해요. 아이는 뒤집기, 기어가기를 거쳐 손으로 사물(장난감)을 조작하게 되고, 이내 걸음마를 하는 수준에 이릅니다. 아이가 순조롭게 몸을 쓰기 위해서는 어깨 관절과 엉덩이 관절이 안정적으로 작동해야 해요. 어깨 관절이 안정되어야 손을 잘 사용할 수 있기 때문이지요. '손으로 엉금엉금' 활동에서 필요한 '손수레 걷기' 자세는 어깨 관절의 안정성을 높여 준답니다.

준비물

볼풀공(또는 양말, 콩 주머니), 바구니, 얇은 이불

놀이 목표

팔로 체중을 지탱하며 앞으로 나아갈 수 있어요.

☺ 놀이 방법

1 집 안 곳곳에 거북이 알(볼풀공, 양말, 콩 주머니 등)을 놓아둡니다.

2 아이에게 거북이가 땅 속에 알을 낳는다는 사실을 설명합니다. 땅 바깥으로 나온 알들을 안전한 곳으로 옮겨 보자고 제안합니다.

3 '손수레 걷기'를 해 봅니다. 아이에게 엎드린 상태에서 손바닥으로 바닥을 짚게 합니다. 보호자는 아이의 발목을 잡아서 아이 몸이 바닥과 수평이 되게 들어 올립니다. 아이는 손바닥으로 걸어서 앞으로 나아갑니다.

4 '손수레 걷기'로 거북이 알이 있는 곳까지 갑니다. 자세를 유지한 채 거북이 알을 바구니에 담습니다.

5 모은 알을 이불 아래에 잘 숨깁니다.

☺ **TIP**

• 거북이 알을 집 안 곳곳에 흩어 놓아 '손수레 걷기'로 걸어야 할 범위를 넓히는 것이 좋습니다.
• '손수레 걷기'가 서툰 아이는 발목 대신 허벅지나 골반을 잡도록 합니다.

보호자 가이드 아이가 재미있게 운동하려면 동기를 잘 부여하는 것이 중요합니다. 아이가 활동 자체를 충분히 의미 있게 느끼고, 스스로 목적의식을 가지게 만들 필요가 있어요. 거북이 알을 찾아보자는 제안은 아이에게 목적의식을 만들어 줍니다.

손으로 보아요

신체 놀이

놀이 효과

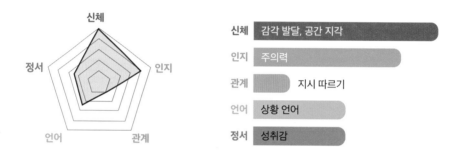

신체	감각 발달, 공간 지각
인지	주의력
관계	지시 따르기
언어	상황 언어
정서	성취감

놀이 소개

아이의 신체 능력은 촉각 정보를 알아차리고 구별하는 경험을 통해 향상돼요. 아이가 자기 몸을 인지하고 주변 환경 정보를 파악하는 데 도움이 되기 때문이지요. 아이는 외부 자극을 통해 자신이 좋아하고 싫어하는 것을 깨닫는 동시에 이를 표현하는 방법을 배우게 돼요. 촉각을 구별한다는 것은 눈으로 보지 않고 촉각 정보만으로 지금 만지고 있는 것이 무엇인지 알 수 있는 능력입니다. 손으로 만지고 있는 것의 특성을 파악하려면 정교한 손동작이 필요해요. '손으로 보아요'는 이런 과제들을 보다 정확하게 수행할 수 있도록 도와주는 놀이랍니다.

준비물

안이 보이지 않는 종이봉투 10개, 집에 있는 물건 10가지, 종이봉투보다 더 큰 봉투

놀이 목표

손으로 보이지 않는 물건을 만져 무슨 물건인지 알아낼 수 있어요.

1 종이봉투 안에 미리 물건을 넣습니다. 아이에게 보이지 않는 물건을 손으로 만져 무엇인지 알아내면 된다고 설명합니다.

2 아이가 봉투 안에 손을 넣어 물건을 만지면, 어떤 물건인지 말해 보라고 합니다.

3 역할을 바꿉니다. 이번에는 아이가 봉투 안에 물건을 숨기고, 보호자가 정답을 말합니다.

4 찾은 물건을 더 큰 봉투 안에 모두 넣고, 손을 넣어 보호자가 말하는 물건을 찾게 합니다.

☺ **TIP**

• 질감이나 모양이 뚜렷한 물건을 섞어 놀이를 더 쉽게 진행할 수 도 있습니다.

보호자 가이드 낯선 경험을 불편해하는 아 이나 섬세한 아이는 보이지 않는 물건을 만 지는 것을 거부할 수 있습니다. 이런 경우, 봉투에 넣을 물건들을 미리 관찰하게 해도 좋아요. 아이가 물건에 충분히 익숙해진 뒤 놀이를 진행하면 됩니다.

숫자 체육 놀이

인지 놀이

놀이 효과

신체	운동 계획
인지	시지각, 수학적 사고
관계	지시 따르기
언어	어휘
정서	성취감

놀이 소개

만 3~4세는 숫자의 의미를 이해하고, 수 세기를 시작하는 시기입니다. '숫자 체육 놀이'는 전화번호, 시계, 엘리베이터 층수 등처럼 일상생활에서 다양하게 쓰이는 숫자와 친해지는 경험을 할 수 있는 놀이예요. 이 놀이는 자연스럽게 숫자에 관심을 가지고 수를 이해하는 데 도움을 준답니다.

준비물

바구니 또는 상자(인원수만큼 준비),
볼풀공(1인당 20개)

놀이 목표

20까지의 수를 셀 수 있어요.

·ᴗ· 놀이 방법

숫자 찾기

전화기, 자동차 번호판, TV 리모컨, 시계, 체중계 등 주변에서 숫자를 찾고, 찾은 숫자를 읽어 봅니다.

바구니 농구

1 인원수만큼 바구니나 상자를 준비합니다.

2 볼풀공을 각자 20개씩 나누어 가지고, 바구니를 하나씩 정합니다.

3 정해진 위치에서 볼풀공을 자기 바구니에 던져 넣습니다.

4 실수로 다른 사람의 바구니에 넣으면 그 사람의 점수가 추가됩니다.

5 공을 다 던진 후 누가 공을 가장 많이 넣었는지 확인합니다.

보호자 가이드 경쟁심이 지나치게 강한 아이들이 있습니다. 이런 아이들은 자신이 꼭 1등을 해야 한다고 생각하거나 다른 사람이 이기면 화내거나 울기도 하지요. 아이가 경쟁심이 강하다면, 목표 개수만큼 공을 넣도록 지도하는 것이 좋습니다. 공은 20개로 제한해 주세요.

끼리끼리 움직여 보자
인지 놀이

놀이 효과

신체	자조
인지	주의력, 수학적 사고
관계	지시 따르기
언어	어휘
정서	성취감

놀이 소개

이 시기의 아이들은 옷, 액세서리, 신발 등을 같은 종류와 같은 색깔끼리 묶을 수 있어요. '끼리끼리 움직여 보자'는 아이가 사물을 형태, 크기, 색 등의 기준에 따라 분류할 때 이에 바로 적응해 과제를 수행하도록 돕는 놀이랍니다.

준비물

마스킹 테이프, 여러 가지 색깔의 옷, 여러 색깔이 있는 액세서리

놀이 목표

정해진 기준에 맞추어 사물을 분류할 수 있어요.

:) 놀이 방법

1 바닥에 마스킹 테이프로 원을 만듭니다. 아이들에게는 최대한 여러 가지 색깔의 옷을 입힙니다. 머리핀, 팔찌, 스카프, 선글라스 등 여러 색깔이 있는 액세서리를 착용해도 좋습니다.

2 패션쇼 모델처럼 멋지게 걸으며 화려한 옷차림을 뽐냅니다. 각자 어떤 색깔의 옷이나 액세서리를 착용했는지 이야기를 나눕니다.

1번 활동

1 보호자가 특정 색깔을 지정합니다. 해당 색깔 아이템이 있는 아이들이 원 안으로 들어갑니다. 예를 들어 보호자가 노란색을 지정한 경우 노란 옷, 노란 액세서리를 착용한 아이들이 원 안으로 모이면 됩니다. 모인 아이들끼리 하이파이브를 하거나 춤을 춘 후 제자리로 돌아갑니다. 이 과정을 반복합니다.

2 아이들이 활동에 익숙해지면 점프, 메롱 혀 내밀기 등의 과제를 추가합니다. 아이들과 어떤 과제를 하면 좋을지 이야기를 나눕니다.

2번 활동

보호자가 특정 색깔 아이템을 착용한 아이에게만 과제를 줍니다. 예를 들어 보호자가 "하얀 양말은 돌아라!" 또는 "빨간 옷 입은 사람은 점프"라고 외치면 해당 아이템을 착용한 아이가 제자리에서 과제를 수행하면 됩니다. 다양한 종류의 옷과 색깔을 활용해 반복해서 놉니다. 이후 기억나는 동작에 관해 이야기를 나눕니다.

:) TIP

• 아이들이 놀이에 익숙해지면, 아이에게 직접 진행자 역할을 맡겨 보아도 됩니다. 조건을 2개 이상으로 늘릴 수도 있습니다. 예를 들어 "노란 옷을 입고 가방을 가진 사람은 뛰어라."와 같은 미션을 주어도 됩니다.

보호자 가이드 '1번 활동'은 색깔 분류만 하면 되므로 쉽지만, '2번 활동'은 이중 분류 놀이여서 좀 더 높은 인지 기능이 필요합니다. 따라서 '2번 활동'을 할 때는 아이들이 혼동할 가능성이 있으니 분류 기준을 명확히 알려 주세요.

만4세
48 ~ 53 개월

색깔 체육 활동

인지 놀이

놀이 효과

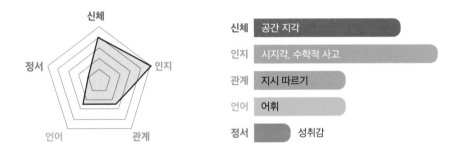

신체	공간 지각
인지	시지각, 수학적 사고
관계	지시 따르기
언어	어휘
정서	성취감

놀이 소개

이 시기의 아이들은 알록달록한 색깔들을 좋아합니다. 아이는 '색깔 체육 활동'을 통해 같은 색깔끼리 짝을 맞추면서 여러 색에 대해 알 수 있어요. 또 목표물을 주의 깊게 보고 목표물을 맞히기 위해 나의 몸을 조정해 보는 과정은 집중력과 시각-운동 협응 능력 발달에 도움이 된답니다.

준비물

색상지를 두른 휴지(1인당 3개), 휴지 띠와 같은 색의 볼풀공 여러 개, 바구니

놀이 목표

다양한 색을 인지할 수 있어요.

1 색상지로 휴지에 띠를 두릅니다.

2 휴지 띠와 같은 색의 볼풀공을 준비합니다. 아이에게 색깔과 관련된 체육 활동을 할 것이라고
설명합니다.

3 색상지를 두른 휴지를 테이블에 3개씩 놓습니다. 출발선에 서서 휴지 띠와 같은 색깔의 공을 하나씩
들고 달려가서 휴지 위에 올려놓습니다. 이 과정을 3번 반복합니다.

4 출발선으로 돌아와 다른 공으로 휴지 위에 있는 공을 맞힙니다. 먼저 공을 다 떨어뜨린 사람이
이깁니다.

☺ TIP

• 아이가 놀이에 적응하면, 휴지와의 거리나 색상지 두른 휴지의 수
를 늘려 난이도를 조절합니다.

보호자 가이드 아이가 한 번에 성공하지
못하더라도, 다시 시도해 보고 즐겁게 활동
할 수 있게 이끌어 주세요.

이상하게 옷 입기

인지 놀이

놀이 효과

신체	자조
인지	주의력, 문제 해결력
관계	친밀감
언어	상황 언어
정서	주도성

놀이 소개

보호자가 평소와 다르게 엉뚱하게 옷을 입은 것을 보면, 아이들은 그 자체로도 웃음을 터뜨립니다. 이럴 때는 아이와 무엇이 이상한지, 어떻게 바꾸면 좋을지 이야기를 나누어 보면 좋아요. 그러면 아이는 무엇이 문제인지 원인을 찾고, 어떻게 해야 올바르게 바뀔지 해결 방법을 찾아서 말할 것입니다. '이상하게 옷 입기'는 아이의 문제 해결력을 키우는 데 도움이 되는 놀이예요. 이 놀이를 통해 올바르게 옷을 입는 방법도 익힐 수 있답니다.

준비물

옷(속옷, 양말, 티셔츠, 바지, 치마 등), 액세서리(모자, 선글라스, 머리핀, 목걸이, 팔찌 등), 거울, 빗

놀이 목표

옷을 올바른 형태와 방법으로 입을 수 있어요.

☺ 놀이 방법

1 다양한 옷과 액세서리를 준비합니다.

2 아이에게 뒤돌아 있으라고 하고, 보호자가 옷을 한두 가지 정도 이상하게 입습니다. 예를 들어 단추를
잘못 끼우거나 점퍼를 뒤집어 입거나 장갑을 발에 신으면 됩니다.

3 아이와 무엇이 이상한지, 어떻게 입어야 하는지 이야기를 나누어 봅니다.

4 아이에게 올바른 방법으로 다시 옷을 입혀 달라고 합니다. 아이가
입히는 것을 어려워하면, 아이가 말하는 대로 보호자가 옷을 고쳐
입습니다.

5 다시 갖춰 입은 옷이 올바른지 이야기를 나누며
점검해 봅니다.

☺ **TIP**

- 이 활동은 옷 모양새가 웃길수록 더 재미있습니다. 놀이를 통해
옷 올바르게 입고 벗기, 단추나 지퍼 채우기 등 자조 활동도 해
보면 좋습니다. 거울을 보며 헝클어진 머리를 잘 빗고, 어긋나거
나 풀린 단추를 바로 채워 보게 합니다.

- 보호자가 잘못 입은 것을 최대한 아이가 직접 수정해 볼 수 있게
합니다. 허리에 두른 목도리를 목에 둘러 준다거나 어깨에 걸친
모자를 머리에 씌워 주는 것처럼 아이가 어렵지 않게 도와줄 수
있는 것으로 먼저 시도해 봅니다. 아이가 손 조작을 잘하는 편이
라면 지퍼 채워 주기, 단추 끼워 주기 등도 시도해 볼 수 있습니다.

보호자 가이드 아이가 평소 양말을 짝짝이
로 신거나 신발을 바꾸어 신는 실수를 한다
면, 이 실수를 잔소리가 아닌 놀이로 수정
할 수 있어요. 옷차림과 어울리지 않는 신
발이나 날씨와 상관없는 옷을 고집하는 아
이가 있다면, 놀이를 통해 날씨와 상황에
맞는 옷차림이 있다는 것을 자연스럽게 알
려 주면 됩니다.

더하기 빼기 1, 2, 3

인지 놀이

놀이 효과

신체	눈-손 협응
인지	수학적 사고, 문제 해결력
관계	지시 따르기
언어	어휘
정서	성취감

놀이 소개

이 시기의 아이들은 일상에서 수 세기를 경험하며, 수가 지닌 의미와 원리를 알게 됩니다. 이런 지식을 통해 양을 정확히 판단하고 덧셈, 뺄셈을 이해하게 되지요. 아이는 '더하기 빼기 1, 2, 3'을 통해 덧셈과 뺄셈의 개념을 이해하고, 생활 속 연산 과제를 더 효과적으로 해결하는 방법을 배울 수 있답니다.

준비물

블록, '1, 2, 3'을 표시한 계란 판, 바구니, '1~10'까지 쓴 탁구공 또는 볼풀공

놀이 목표

1, 2, 3을 더하고 뺄 수 있어요.

☺ 놀이 방법

블록 놀이

1 블록을 1개 놓고 옆에 블록 1개를 더 놓아 2개가 되는 것을 보여 줍니다.

2 아이에게 세어 보게 한 후 블록 1개에 1개를 더하면 몇 개인지 물어봅니다.

3 같은 방법으로 10까지 1씩 더해 보고 2, 3까지 더하기 활동을 해 봅니다.

4 반대로 하나씩 줄여 가며 빼기 활동도 해 봅니다.

계란 판 더하기 빼기 게임

1 테이블 끝에 계란 판을 놓고 반대편 끝에 섭니다.

2 한 사람씩 바구니 안에서 숫자가 쓰인 탁구공이나 볼풀공을 하나 집어(예: 5) 테이블에 튕겨 계란 판(예: 2) 안에 넣습니다. 한 번에 못 넣어도 반복해 넣을 수 있게 합니다.

3 탁구공에 쓰인 수와 계란 판에 표시된 수를 더해 답(예: 5+2=7)을 말합니다. 답이 맞으면 탁구공을 가져갑니다.

4 공이 모두 없어질 때까지 게임을 진행합니다. 공을 제일 많이 가져간 사람이 승리합니다.

5 같은 방법으로 던진 공의 수와 계란 판의 수를 빼면서 빼기로도 놀이합니다.

☺ **TIP**

• 처음에는 손에 잡히는 사물(구체물)을 직접 세어 계산하게 하고, 나중에는 수만큼 동그라미(반구체물)를 그려 계산하게 합니다. 아이가 수 개념에 익숙해지면, 숫자(추상물)를 그 자체로 계산하게 될 것입니다. 숫자로 하는 덧셈이나 뺄셈이 어려운 아이는 수준에 따라 구체물이나 반구체물로 수의 양이 늘어나고 줄어드는 것을 직관적으로 확인하는 과정을 충분히 경험하게 합니다. 이 과정이 익숙해지면, 나중에는 덧셈과 뺄셈도 자연스럽게 하게 됩니다.

보호자 가이드 계란 판 안에 공을 넣는 것이 어려울 수 있습니다. 여러 번 시도해도 괜찮습니다. 아이가 바로 답을 맞히지 못하면, 한 번 더 천천히 계산해 보도록 이끌어 주세요. 아이가 덧셈과 뺄셈을 능숙하게 한다면, 틀렸을 때 다른 사람에게 기회를 주는 게임으로 바꿔도 좋습니다.

어디 어디 있을까?

관계 놀이

놀이 효과

신체	감각 발달
인지	주의력
관계	애착, 친밀감
언어	상황 언어
정서	성취감

놀이 소개

이 시기의 아이들은 숨바꼭질이나 물건을 숨기고 찾는 과정에서 즐거움을 느낍니다. 보호자와 아이는 '어디 어디 있을까?'를 통해 자연스럽게 스킨십을 나누고, 친밀감을 형성할 수 있어요. 친밀감은 다른 사람과 친하게 지내고 싶은 마음이 들게 하는 기초가 된답니다.

준비물

사탕, 젤리, 작은 초콜릿

놀이 목표

보호자와 아이가 친밀감을 형성할 수 있어요.

😊 놀이 방법

1 아이에게 낱개 포장된 사탕, 젤리, 초콜릿 등을 보여 줍니다. 이 간식들이 꼭꼭 숨을 것이라고 말합니다.

2 노래를 함께 부르며, 아이에게 눈을 감으라고 합니다.

3 보호자가 자신의 옷소매나 머리카락 속에 간식 서너 개를 숨기고 아이에게 찾으라고 합니다.

4 아이가 찾아낸 간식을 함께 먹으며, 놀이가 어땠는지 이야기를 나눕니다.

😊 **TIP**

• 보호자와 아이가 역할을 바꿉니다. 놀이를 두세 번 반복한 다음, 숨기는 장소를 옷에서 집 안 곳곳으로 확장해 봅니다.

• 아이가 간식을 어디에 숨겨야 하는지 어려워할 수 있습니다. 이럴 경우, 보호자가 먼저 찾기 쉬운 옷소매 등에 간식을 숨기는 모습을 보여 주세요. 또 민감한 신체 부위에는 간식을 숨기지 않겠다고 약속해 주세요. 그러면 아이는 더욱 편안한 마음으로 놀이에 참여할 수 있을 것입니다.

보호자 가이드 '어디 어디 있을까?'는 신체 접촉을 통해 즐거움을 느끼는 놀이입니다. 서로 간지럽히고 장난도 치면서 아이가 친밀감을 충분히 느낄 수 있도록 유도해 주세요. 평소에도 작은 장난감을 숨기고 찾는 놀이를 해 주면 좋습니다.

호~호~ 아프지 마

관계 놀이

놀이 효과

신체	감각 발달
인지	기억력
관계	친밀감, 친사회적 행동
언어	말하기
정서	공감

놀이 소개

아이들은 몸에 작은 상처만 나도 밴드를 붙이고 싶어 하는 경향이 있어요. 밴드를 붙이는 것만으로도 치료받고 있다는 위로를 느끼기 때문이지요. '호~호~ 아프지 마'는 보호자와 아이가 서로의 몸에 밴드를 붙여 주는 놀이입니다. 이 놀이를 통해 과거에 다쳤던 경험, 지금 몸에 남은 흉터 등에 관해 이야기하면서 위로와 공감의 경험을 쌓아 친밀감이 깊어지게 될 거예요.

준비물

밴드, 테이프, 다양한 색 네임펜

놀이 목표

아이와 보호자가 서로 관심을 가질 수 있어요.
아이가 상대방을 위로하는 법을 알 수 있어요.

🙂 놀이 방법

1 아이와 오늘 하루에 관한 이야기를 나눕니다. 오늘 하루 어땠는지, 다치거나 부딪친 곳은 없었는지, 있었다면 아프지는 않았는지 물어봅니다.

2 아이의 몸에 상처가 없는지 직접 살펴봅니다. 상처나 흉터를 발견하면 어쩌다 다쳤는지 이야기를 나누고, 아이의 마음을 위로합니다. 아이에게도 보호자의 몸에 상처가 있는지 찾아보라고 말합니다. 상처에 관해 설명하고 이야기를 나눕니다.

3 밴드를 만듭니다. 밴드 크기를 정하고, 큰 밴드가 필요하면 테이프로 밴드를 여러 개 연결합니다. 밴드 위에 표현하고 싶은 마음을 그리거나 꾸밉니다. 각자 밴드를 왜 이렇게 만들었는지, 밴드를 붙여 주고 싶었던 이유는 무엇인지 이야기합니다.

4 아이와 서로 밴드를 붙여 줍니다. 밴드를 붙일 때 "많이 아팠지? 이제 아프지 마. 호~." 하고 말해 줍니다.

🙂 **TIP**

• 아이들은 대체로 밴드 붙이기를 좋아합니다. 따라서 '하루 2장' 등처럼 하루 최대 사용 매수를 약속해 두는 것이 좋습니다.

보호자 가이드 아이가 다친 경험에 관해 이야기할 때 "다음부터는 그때처럼 뛰어다니면 안 되겠지?" 같은 말은 하지 말아 주세요. 그저 아팠던 순간에 대한 마음에 공감해 주는 것이 좋습니다.

풍선 두 팔 농구

관계 놀이

놀이 효과

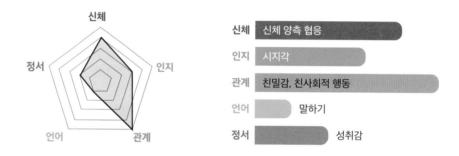

신체	신체 양측 협응
인지	시지각
관계	친밀감, 친사회적 행동
언어	말하기
정서	성취감

놀이 소개

이 시기의 아이들은 협력하는 과정이 많아집니다. 또래에게 장난감을 빌려 달라고 요청하거나 순서를 기다릴 줄 알고 양보하는 법을 배우지요. '풍선 두 팔 농구'는 상대방에게 집중해서 서로를 바라보고 높이, 거리를 고려하며 협력하는 놀이예요. 서로에 대해 관심을 가지고 협력하면서 친밀감과 성취감을 높여 갈 수 있답니다.

준비물

풍선

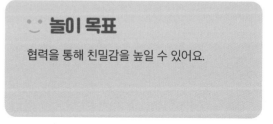

놀이 목표

협력을 통해 친밀감을 높일 수 있어요.

😊 놀이 방법

1 아이에게 짧은 농구 게임 영상이나 농구 사진을 보여 줍니다. 아이 수준에 맞춰 농구에 관해 간단히 설명해 줍니다. 골대에 공을 넣는 경기라는 식으로 이야기해 주면 됩니다. 골대를 어떻게 만들지 의논한 다음, 풍선으로 농구해 보자고 합니다.

2 보호자가 두 팔을 벌려 둥근 골대를 만듭니다. 아이에게 풍선을 보호자가 만든 골대에 넣으라고 합니다. 아이가 보호자 뒤쪽에 서서 풍선을 던져 골대에 넣어 보아도 좋습니다.

3 골대의 높이를 조절해 봅니다. 골대가 움직이면 따라가서 넣어 보도록 해도 좋습니다.

4 풍선을 손으로 쳐서 연속적으로 주고받습니다. 이때 5번째 공을 받은 사람이 골대로 공을 던지는 슈터가 되고, 다른 사람이 골대가 되기로 합니다. 이런 식으로 슈터와 골대 역할을 바꿔 가며 놀이를 진행합니다.

😊 TIP

• 처음에는 아이의 키에 맞춰 골대를 만들어 줍니다. 이후 아이의 실력에 따라 조금씩 골대의 높이와 크기를 조절해 주면 됩니다. 골대를 높이면서 아이의 성취감과 자신감을 키워 줄 수 있습니다.

• 만 4세 신체 놀이인 '신문지 팡팡'과 연계해 활동을 진행할 수 있습니다. 풍선 배구, 풍선 축구 등을 시도해 보면 좋습니다.

보호자 가이드 풍선은 다양한 놀이를 할 수 있는 도구입니다. 함께 규칙을 정하되, 아이가 제안한 규칙도 수용해 주세요. 아이가 자신이 제안한 규칙이 수용되는 경험을 하면, 놀이에 더 적극적으로 참여할 수 있습니다. 더불어 보호자가 아이와 눈을 맞추며 충분히 놀이를 즐겨야 친밀감이 더 많이 쌓인다는 사실을 기억해 주세요.

함께 덮는 우리만의 이불

관계 놀이

😊 놀이 효과

신체	감각 발달
인지	시지각
관계	친밀감, 친사회적 행동
언어	상황 언어
정서	공감

😊 놀이 소개

아이의 그림에는 아이의 마음이나 생각이 담겨 있는 경우가 많습니다. 특히 가족들을 그릴 때 가족 간의 거리, 가족이 서로 바라보는 방향, 그림을 그린 순서에 따라 아이가 가족에 대해 어떻게 생각하고 있는지 살펴볼 수 있어요. '함께 덮는 우리만의 이불'은 심리 검사처럼 아이를 파악하고자 하는 놀이가 아닙니다. 하지만 아이가 표현하는 가족의 자는 모습을 통해서 아이가 평소 느꼈던 가족이나 자신에 대한 생각을 알 수 있답니다. 보호자는 아이를 조금 더 깊이 이해하는 계기가 될 거예요.

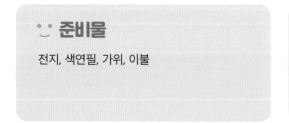

😊 준비물

전지, 색연필, 가위, 이불

😊 놀이 목표

가족에 대한 생각을 자연스럽게 표현할 수 있어요.

😊 놀이 방법

1 가족들이 평소에 자는 모습에 관해 이야기를 나눕니다. 아이에게 가족이 함께 잘 때 어떻게 누우면 좋을지 물어봅니다.

2 아이와 보호자가 전지를 깔고 누울 수 있는 공간을 마련합니다. 서로 누울 위치를 정합니다. 아이가 그 위치에 자고 싶은 자세로 눕도록 합니다.

3 보호자가 아이 몸의 윤곽을 색연필로 그립니다. 보호자가 어떻게 누우면 좋을지 아이에게 물어봅니다. 이번에는 보호자가 눕고, 아이에게 몸 윤곽을 따라 그리게 합니다.

4 두 사람의 몸 윤곽을 오립니다. 그 안에 표정과 잠옷 등을 그려 넣습니다.

5 몸 그림에 이불을 덮어서 토닥토닥 재워 주는 시늉을 합니다. 왜 이런 자세로 자고 싶은지 이야기해 봅니다.

😊 TIP

• 아이의 인형이나 애착 이불도 본을 떠서 함께 그려 줍니다.
• 아이 입장에서는 보호자 몸의 윤곽을 그리기가 어려울 수 있습니다. 처음에는 윤곽을 커다랗게 그려 보라고 하고, 가위질은 보호자가 도와줍니다.

보호자 가이드 놀이를 할 때는 아이의 마음을 이해하는 과정이라 여기며, 보호자의 생각을 주장하는 것은 잠시 멈추어 주세요.

엄마 배 속에서 나는

관계 놀이

놀이 효과

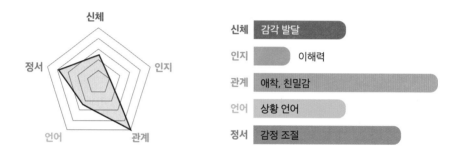

신체	감각 발달
인지	이해력
관계	애착, 친밀감
언어	상황 언어
정서	감정 조절

놀이 소개

아이들은 종종 "나 아기 때 얼마만 했어?"라는 질문을 합니다. 아이들은 자신이 태어나기 전의 모습을 늘 궁금해해요. 아이는 '엄마 배 속에서 나는'을 통해 엄마 배 속에 있었을 때 자신이 어떠했을지 상상하고 표현해 보면서 포근한 사랑을 느낄 수 있습니다. 태담을 다시 들어 보면서 보호자가 자신을 얼마나 사랑해 주었는지도 생각해 볼 수 있어요. 보호자도 처음 아이를 만났을 때를 떠올리면서, 아이와 더 좋은 관계를 맺기 위해 어떻게 해야 할지 생각해 보게 됩니다. 보호자와 아이가 서로 유대감과 친밀감을 높이는 데 도움이 되는 놀이예요.

준비물

임신 중 초음파 영상 또는 태아의 모습과 관련된 영상, 태교 일기, 이불, 베개, 쿠션, 색연필, 종이

놀이 목표

보호자와 친밀감을 형성할 수 있어요. 퇴행 경험을 통해 자신의 소중함을 인식할 수 있어요.

☺ 놀이 방법

1 아이와 엄마 배 속에서 어떠한 모습으로 있었을 것 같은지 이야기를 나누어 봅니다. 아이에게 임신 중 초음파 영상이나 태아의 모습과 관련된 짧은 영상을 보여 줍니다.

2 아이가 태어나기를 기다렸던 경험에 관해 들려줍니다. 태교할 때 쓴 일기를 읽어 주어도 좋습니다.

3 이불, 베개, 쿠션 등을 모아 폭신한 새 둥지를 함께 꾸밉니다. 둥지를 다 만들면 아이에게 그 안에 들어가 누워 보라고 합니다.

4 엄마 배 속에서는 양수가 있어서 수영도 했었다고 이야기합니다. 어떻게 수영했을 것 같은지 둥지 안에서 수영하는 시늉을 내 보도록 합니다. 탯줄을 통해 영양분이 전해지는 이야기도 들려주며, 보호자가 주스를 마시면 아이가 따라 마시는 모습도 재연해 봅니다.

5 누운 아이에게 태명을 부르며 태담도 들려줍니다. 아이는 엄마 배 안에 있을 때로 돌아가 궁금했던 것들을 물어봅니다.

6 보호자는 배 안에 있던 아이를 떠올리며 지금 해 주고 싶은 말을 적습니다. 아이는 그때의 느낌을 그림으로 그려 보호자에게 보여 줍니다.

☺ **TIP**

• 아이가 태아 시절을 자유롭게 표현하는 놀이를 할 수도 있습니다. 임신 중인 보호자가 산책이나 요가를 즐기는 모습을 보여 주고, 아이에게 그 순간 자신의 자세를 표현해 보라고 하면 됩니다.

보호자 가이드 모든 보호자가 임신을 좋게만 기억하는 것은 아닙니다. 임신 기간이 행복하지 않았다고 말하는 보호자도 많지요. 각자의 사연과 어려움이 있겠지만, 모든 과정을 뚫고 소중하게 태어난 아이에게 고마운 마음을 표현해 주세요.

글씨를 따라 써 볼까요?

언어 놀이

놀이 효과

신체	감각 발달
인지	시지각
관계	지시 따르기
언어	쓰기
정서	성취감

놀이 소개

만 4세 무렵의 아이들은 점과 점을 직선으로 잇고, 모양을 따라 그릴 수 있어요. 글자를 알게 되면서 자기 이름을 보며 삐뚤빼뚤 따라 쓰기도 하지요. '글씨를 따라 써 볼까요?'는 글자에 대한 흥미를 높여 주고, 본격적인 쓰기의 준비 과정을 도와주는 놀이랍니다.

준비물

높이가 낮은 상자, 색 모래(또는 설탕, 소금, 쌀), 좌식 책상, 검정 도화지, 플레인 요구르트, 이쑤시개 또는 나무젓가락, 점토

놀이 목표

다양한 촉감을 통해 재미있게 글자를 인식할 수 있어요.

☺ 놀이 방법

1 높이가 낮은 상자에 색 모래 또는 설탕, 소금, 쌀 등을 담습니다. 상자를 좌식 책상 위에 놓습니다.

2 아이와 책상 앞에 나란히 앉습니다. 아이에게 이름을 써 볼 것이라고 말합니다. 아이의 이름과 보호자의 이름에 관해 이야기를 나눕니다.

3 보호자가 색 모래 위에 아이의 이름을 씁니다. 아이는 보호자가 쓴 글자 위에 이름을 덧대어 쓰거나 아래쪽에 똑같이 따라 씁니다. 그다음에는 보호자의 이름을 써 보며 놀이를 이어 갑니다.

4 검정 도화지에 플레인 요구르트를 손가락이나 이쑤시개, 나무젓가락 등으로 찍어 보호자나 아이의 이름을 한 글자씩 써 봅니다. 아이는 보호자가 쓴 글자 위에 이름을 덧대어 쓰거나 아래쪽에 똑같이 따라 씁니다.

> 😮 **주의 사항** 이쑤시개나 나무젓가락은 뾰족하므로 피부가 찔리지 않도록 주의합니다.

5 점토를 적당한 크기로 떼어 동그랗게 만든 뒤 납작하게 누릅니다. 그 위에 이쑤시개나 나무젓가락으로 보호자나 아이의 이름을 콕콕 찍듯이 씁니다. 아이는 보호자가 쓴 글자 위에 이름을 덧대어 쓰거나 아래쪽에 똑같이 따라 씁니다.

6 아이가 글자를 쓸 때마다 보호자는 그 음을 소리 내어 알려 줍니다. 다 쓴 뒤에는 칭찬하며 마무리합니다.

☺ TIP

- 글자 쓰기가 모두 끝난 뒤 색 모래, 설탕, 소금, 쌀, 플레인 요구르트 등을 활용해 촉감 놀이를 할 수 있습니다. 다양한 질감과 맛에 관해 이야기를 나누며 표현력을 키워 주면 좋습니다.
- 아이가 이름을 잘 쓰면, 좋아하는 캐릭터나 공룡 이름 등 더 어려운 단어로 확장해 놀이를 진행해도 됩니다.

보호자 가이드 아이는 모래, 설탕, 쌀 등 각 종 재료의 감촉을 예민하게 느낄 수 있습니다. 이때는 검은 도화지 위에 플레인 요구르트로 글씨를 쓰게 하는 등 다른 재료를 활용해도 좋습니다. 아이가 잘 따라 쓰지 못하더라도 "정말 잘 썼다! 따라 쓰기 힘들었을 텐데 잘 썼네."처럼 아이의 시도를 많이 칭찬해 주세요.

오늘은 댄서

언어 놀이

놀이 효과

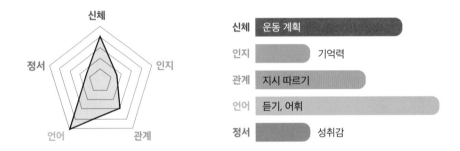

신체	운동 계획
인지	기억력
관계	지시 따르기
언어	듣기, 어휘
정서	성취감

놀이 소개

아이들은 태어나면서부터 지금까지 다양한 경험을 하면서 수많은 말을 배웁니다. '오늘은 댄서'는 율동을 따라 하면서 동작에 관한 단어들을 배우며 언어 감각을 키우는 놀이예요. 보호자가 알려 주는 동작들을 눈으로 보고 귀로 들으면서 따라 하다 보면, 몸의 움직임과 관련된 다양한 단어를 알게 됩니다. 율동을 하는 즐거움을 느끼면서 관련 단어들도 쉽게 배울 수 있을 거예요. 몸으로 배운 단어들은 더 잘 기억된답니다.

준비물

아이가 좋아하는 노래 또는 새로 배울 노래, 율동

놀이 목표

행동을 기억해 따라 하며, 동사나 동작 어휘를 익힐 수 있어요.

☺ 놀이 방법

1 아이가 좋아하는 노래나 새로 배울 노래를 준비합니다. 아이에게 함께 율동을 배워 볼 것이라고
설명합니다.

2 노래를 틀고 율동을 보여 줍니다. 아이가 약간 노력해서 따라 할 수 있는 수준의 단어와 동작을
사용합니다.(예: "손 들고 뛰어!", "오른발 앞으로 발 차기!", "빙글빙글 고개 돌리기!") 반복되는 율동은
큰 동작으로 강조해 보여 줍니다.

3 보호자가 노래를 천천히 부르며, 아이에게 동작을
하나하나 반복해서 가르칩니다. 반복되는
동작을 먼저 가르치고, 반복되지 않는
동작을 나중에 가르칩니다.

4 보호자와 아이가 노래에 맞춰 함께
춤을 춥니다. 중간 중간 보호자가
동작을 하지 않고, 아이 스스로
동작을 기억하도록 유도해도
좋습니다.

☺ **TIP**

• 조용한 놀이를 좋아하거나 활동성이 낮은 아이는 동작 익히는
것을 어려워할 수 있습니다. 이런 아이에게는 쉬운 동작부터 알
려 주세요. 그래도 아이가 율동 배우기를 싫어하면 아이가 원하
는 대로 춤추게 한 다음, 부분적인 동작만 기억하고 따라 하도록
유도하면 됩니다.

보호자 가이드 아이가 동작 하나를 처음
익힌 다음 그것을 완전히 습득하기까지는
꽤 오랜 시간이 걸릴 수 있습니다. 처음부
터 완벽하게 자세를 취하라고 요구하면, 부
담을 느낄 수 있어요. 아이가 춤을 즐거워
할 때까지 여유를 가지고 기다려 주세요.

특별한 날을 기억해요

언어 놀이

놀이 효과

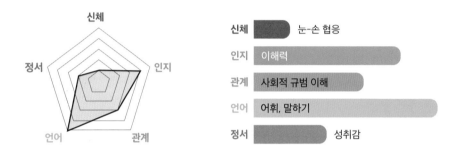

놀이 소개

이 시기의 아이들은 과거와 미래 시제를 알고, 사건의 순서를 이해하는 논리적 사고가 자라기 시작합니다. 그래서 "우리는 먼저 재료를 사려고 가게로 가고, 그다음에 케이크를 만들어서 먹을 거야."라는 문장을 이해할 수 있지요. '특별한 날을 기억해요'는 영화 대본처럼 특정 이야기 속에서 순서대로 진행되는 장면 또는 상황과 연결된 문장을 연습하는 놀이예요. 아이는 이 놀이를 통해 상황을 이해하고 상황에 맞는 표현 능력과 문장 이해 능력을 기를 수 있답니다.

준비물

특별한 날에 대한 사진 또는 특별한 날의 특정한 의식을 설명하는 연속적인 그림, 아이의 사진, 가위, 풀

놀이 목표

사건의 순서를 이해하고, 이야기 표현 능력을 키울 수 있어요.

☺ 놀이 방법

1 여행, 생일 파티 등 특별한 날에 대한 사진을 준비합니다. 동영상을 캡처해 사진으로 준비해도 좋습니다. '추석 송편 빚기'나 '크리스마스트리 꾸미기'처럼 특별한 날의 특정한 의식을 설명하는 연속적인 그림들을 5장 이내로 준비해도 됩니다. 그림에 사람이 있다면, 얼굴 부분에 아이의 사진을 붙여 줍니다.

2 아이에게 특별한 날에 관해 물어봅니다. 생일, 여행, 공연이나 영화를 봤던 날, 설, 추석, 크리스마스 등에 관해 이야기를 나눕니다. 이야기를 충분히 나눈 다음, 준비한 사진을 보여 줍니다.

3 아이에게 사진을 순서대로 나열하라고 합니다. 아이가 사진을 잘 나열하지 못하면 먼저 아이에게 각 사진의 내용이 무엇인지 물어보고, 사진들이 어디로 가야 하는지 질문하며 순서 짓기를 유도합니다.

4 아이가 사진 나열을 끝내면, 각 장면이 어떤 내용을 담고 있는지 설명해 보라고 합니다. 아이가 너무 짧게 말하면, 아이의 문장에 보호자가 한두 단어를 더해 문장을 확장해 줍니다. 적절한 조사를 사용해 확장한 문장을 아이에게 다시 들려주어도 좋습니다.

> ⑩ "아빠(엄마) 차를 타고 있어. 공룡박물관 갔어."
> "응, 우리 가족 다 같이 아빠(엄마) 차 타고 공룡박물관에 갔지. 그래서 신났지."
> "공룡박물관에서 티라노 봤어."
> "맞아, 공룡박물관에 가서 커다란 티라노사우루스를 봤지."
> "공룡이 막 움직였어. 조금 무서웠어."
> "그랬지, 커다란 공룡이 살아 있는 것처럼 막 움직여서 무서웠구나."
> "공룡박물관에 풍선도 좋았어."
> "공룡박물관에서 공룡 풍선도 살 수 있었지?"

5 아이의 이야기가 끝나면 칭찬해 줍니다.

☺ TIP

- 아이가 순서 나열을 어려워하면, 사진 내용을 확인해서 힌트를 주거나 사진을 서너 장으로 줄여서 보여 줍니다. 아이가 나열한 사진 순서대로 앨범이나 가랜드를 만들고, 거실이나 방에 장식해 가족들과 이야기를 나누어도 좋습니다.
- 기념일과 관련된 상황을 만들어 볼 수 있습니다.
  ① 생일: 초대장 만들기-초대장 나누어 주기-케이크에 초 꽂기-촛불 켜기-노래 부르기-초 끄기-축하받기
  ② 크리스마스: 트리 만들기-산타 할아버지에게 편지 쓰기-자기-일어나기-선물 풀어 보기
  ③ 설날: 한복 입기-세배하기-세뱃돈 받기
  ④ 추석: 송편 빚기(반죽하기-속 채우기-빚기-찌기-먹기)

보호자 가이드 아이가 짧게 이야기해도 재촉하거나 다그쳐 묻지 마세요. 아이의 말을 받아 반복하기보다는 보호자가 먼저 아이의 문장에 한두 단어를 덧붙여 시범을 보여 주는 것이 좋습니다. 이 방법은 아이의 언어 발달 촉진에 도움이 될 수 있습니다. 아이가 이야기를 잘 마치면 칭찬해 주세요.

맞으면 O, 틀리면 X(1)

언어 놀이

😊 놀이 효과

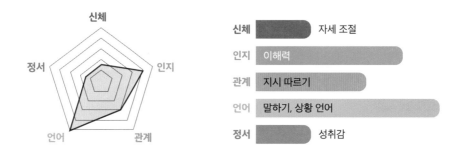

신체	자세 조절
인지	이해력
관계	지시 따르기
언어	말하기, 상황 언어
정서	성취감

😊 놀이 소개

만 4세 무렵의 아이들은 간단한 논리적 문제를 이해하기 시작하고, 문제 해결을 위해 인과 관계와 표상적 사고를 통합하기 시작해요. '표상적 사고'란 그림이나 구체적인 사물이 없이도 상황을 상상할 수 있는 능력을 말합니다. '토끼가 뛰고 있어요.'라는 문장을 듣기만 하고 직접 보지 않았어도 상상해 내는 것이지요. '맞으면 O, 틀리면 X(1)'은 상황을 이해하고 내 생각을 언어로 표현하는 능력을 키워 주는 놀이랍니다.

😊 준비물

두꺼운 도화지, 색연필, 가위, 빨대 또는 나무젓가락, 테이프, 아이가 좋아하는 사진 또는 그림책

😊 놀이 목표

상황 이해력과 문장 표현력을 높일 수 있어요.

ꙨꙨ 놀이 방법

1 두꺼운 도화지에 O, X를 그린 다음 오려서 빨대나 나무젓가락에 붙입니다. 아이가 좋아하는 사진이나 그림책을 책상에 펼쳐 놓고 나란히 앉습니다. 아이에게 "지금부터 사진(그림책)을 보고 설명해 줄 거야."라고 말합니다.

2 보호자가 사진이나 그림을 보며 설명합니다.(예: "토끼와 거북이가 달리기 시합을 하고 있구나. 그런데 토끼가 잠을 자네.") 중간 중간 사실과 다른 내용을 말해 봅니다.(예: "토끼가 아주 열심히 달리고 있어.")

3 아이에게 보호자가 그림 내용에 맞게 설명하면 O를, 틀리게 설명하면 X를 들라고 합니다.

4 아이가 ○나 ×를 들면, 왜 그런 선택을 했는지 물어봅니다. 잘 듣고 반응한 경우에는 칭찬을 해 줍니다.

ꙨꙨ TIP

• 보호자의 설명이 너무 길면, 아이가 반응하기 어렵습니다. 짧은 문장으로 시작해 점점 길고 복잡한 문장으로 나아가는 것이 좋습니다. 아이의 반응을 보며 문제를 내 주세요. 아이가 처음부터 잘 이해하면, 길고 복잡한 문장으로 설명해도 무방합니다.

• 역할을 바꿔서 아이가 사진이나 그림책을 설명할 수도 있습니다. 만 5세 언어 놀이인 '어떻게 해야 할까?'와 연계해 놀아도 됩니다.

보호자 가이드 아이를 칭찬할 때는 결과가 아닌 과정에 주목해 주세요. 특히 아이가 애쓴 부분을 구체적으로 칭찬해 주어야 합니다. "정말 열심히 들었구나!", "네 생각을 잘 이야기해 주었어!"라고 말해 주세요.

만 4 세 즐거운 챈트(구호)송

48~53 개월

언어 놀이

놀이 효과

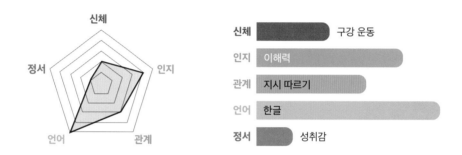

신체	구강 운동
인지	이해력
관계	지시 따르기
언어	한글
정서	성취감

놀이 소개

'음운 인식'은 단어 안의 소리와 소리 구조를 알아차리는 능력을 의미합니다. 학령기 읽기와 쓰기 능력은 음운 인식을 바탕으로 키워진다고 해도 과언이 아닙니다. 대부분의 아이는 36개월부터 음운 인식이 발달해요. 아이들은 초반에는 바지, 바람, 바다처럼 같은 음절(바)로 시작하는 것을 알 수 있어요. 그러다 시간이 지날수록 발과 바지가 같은 /ㅂ/으로 시작하는 것을 이해하게 되지요. '즐거운 챈트(구호)송'은 아이에게 음운 개념을 즐겁게 알려 주는 놀이랍니다.

준비물

꼬리가 없는 동물 그림, 좌식 책상, 사인펜 또는 색연필, 도화지, 가위, 상자 2개

놀이 목표

자음과 모음의 조합과 말소리를 이해할 수 있어요.

☺ 놀이 방법

1 꼬리가 없는 동물 그림을 좌식 책상에 올려놓습니다.

2 자음과 모음 조합을 정합니다. 꼬리가 없는 동물 그림을 아이에게 주고, 아이에게 꼬리를 그리면서 모음 소리, 모음과 자음을 결합한 소리를 길게 내 보라고 합니다. 소리를 멈추면 꼬리를 더 그릴 수 없으며, 꼬리가 더 긴 사람이 이긴다고 알려 줍니다. 승부는 꼭 가리지 않아도 됩니다.

3 도화지를 카드 크기로 여러 개 자르고, 각 카드에 자음과 모음을 하나씩 적습니다. 상자 2개를 준비해서 한쪽에는 자음 카드들을, 다른 한쪽에는 모음 카드들을 넣습니다. 아이가 카드를 보지 않은 상태로 자음 카드 하나를 꺼냅니다. '애애애애 애플'과 같은 챈트 톡처럼 자음에 가락을 붙여 "ㄱㄱㄱㄱ", "ㅁㅁㅁㅁ" 등으로 소리를 냅니다. 그리고 모음 카드 한 장을 꺼내 그 모음을 붙여 말해 봅니다. "ㄱㄱㄱㄱ아, ㄱ~ㅏ", "ㅁㅁㅁㅁ아, ㅁ~ㅏ"와 같은 소리를 자신만의 톤으로 내면 됩니다.

4 자음과 모음 조합으로 만든 소리로 시작하는 단어를 찾아 노랫말을 지어 부릅니다. '가가가 자로 시작하는 말. 가방, 가지, 가위, 가재, 가오리' 같은 노래를 부르면 됩니다.

☺ **TIP**

- 아이가 할 수 있는 만큼 소리를 내며 동물의 꼬리를 그릴 때 지속 시간이 짧아도 노력을 칭찬해 주세요. 보호자가 시범을 보여 아이가 점진적으로 나아지도록 유도해 주세요. 활동성이 높은 아이는 이 놀이를 학습으로 여길 수 있습니다. 강요하지 말고, 몸으로 글자를 만들거나 꼬리 게임과 아이가 좋아하는 활동을 번갈아 하는 등 아이가 놀이를 재미있게 느낄 수 있도록 해 주세요. 아이가 잘 따라 하면, 단모음을 넘어 이중 모음도 시도하면 좋습니다.

- 자음과 모음 카드를 만들 때 처음에는 아이가 잘 아는 자음과 모음 위주로 적습니다. 아이가 놀이를 잘 따라온다면, 헷갈려 하는 자음과 모음 위주로 해도 좋습니다.

보호자 가이드 큰 틀만 지킨다면 아이가 원하는 대로 놀이를 바꿀 수도 있습니다. 특정한 방법을 강요하기보다는 "○○이의 생각은 다르구나? 어떻게 하고 싶어?"라고 물어보세요. 놀이 목표와 조금 어긋나더라도 아이의 제안대로 놀고, 추후에 "이번엔 이 방식으로 해 보자."라며 본 놀이를 하면 됩니다. 아이와 즐겁게 시간을 보내는 것이 가장 중요해요.

긴급 출동 마음 소방대

정서 놀이

놀이 효과

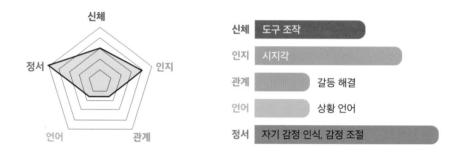

신체	도구 조작
인지	시지각
관계	갈등 해결
언어	상황 언어
정서	자기 감정 인식, 감정 조절

놀이 소개

만 4세 아이들은 자신의 정서를 조절하기 위해 다양한 전략을 시도합니다. 아이들은 화가 났을 때 상대방에게 소리를 지르거나 물건을 던지면 안 된다는 것을 어느 정도는 알고 있어요. 이 때문에 화를 참거나 자신의 감정을 말로 표현하려 하지만, 뜻대로 되지 않는 경우도 많지요. '긴급 출동 마음 소방대'는 아이가 느낀 불편함, 불쾌함, 화 등 마음의 불씨를 표현하고 해소해 보는 놀이예요. 아이가 마음을 안전하게 해소하는 경험은 자신의 감정을 조절하며 표현하는 데 도움이 된답니다.

준비물

블록, 붉은 계열 수성 사인펜, OHP 필름, 가위, 테이프, 분무기

놀이 목표

자신의 부정적인 감정을 해소할 수 있어요.

☺ 놀이 방법

1 마음은 어떻게 생겼을지 아이와 대화하며, 블록으로 마음을 만들자고 제안합니다.

2 화가 나면, 화가 불처럼 끓어오를 수 있다는 사실을 아이에게 알려 줍니다. 화가 나서 마음속에 불이 나는 것 같은 순간이 언제인지 이야기해 봅니다. 아이에게 붉은 사인펜을 건네고, OHP 필름에 그 순간을 그려 보라고 합니다.
"누구나 화가 나고 속상하고 짜증나는 마음이 생길 수 있어. 이런 마음은 자연스러운 거야. 하지만 이런 마음을 너무 꾹 참아도 힘들 수 있어. 그럴 때는 '나 화났어.'라고 말하면 마음이 조금 편안해질 수 있어. 그래서 그동안 담아 두었던 그 마음을 투명한 필름에 표현해 볼 거야."

3 보호자도 OHP 필름에 화가 나는 상황을 그려 봅니다. 글로 적어도 좋습니다. OHP 필름 그림이 완성되면, 테이프로 마음 블록에 붙입니다.

4 마음 소방대가 출동합니다. 분무기로 물을 뿌려 마음의 불을 끕니다. 불을 끈 느낌에 관해 이야기를 나눕니다.

> **주의 사항** 분무기를 뿌리면 바닥이 젖을 수 있습니다. 욕실이나 발코니 또는 큰 쟁반에 마음 블록을 두고 놀이를 진행합니다.

☺ TIP

• OHP 필름에 '행복의 씨앗'을 그려 보고, 행복과 기쁨 등 긍정적인 마음을 자라게 하는 방법들을 생각해 봅니다. 각자 마음에 행복이 자라나게 해 줄 영양분, 물, 햇빛과 같은 것들에는 무엇이 있는지 표현해 봅니다. 이것을 블록으로 만든 마음에 붙여 주며 놀이를 확장해도 좋습니다.

> **보호자 가이드** 아이의 작품이 완성되면, 보관 기간에 관해 의논하는 것이 중요합니다. 아이의 노력을 인정해 주면서 새로운 것을 준비하는 기대를 하도록 해 주세요.

내 마음이 부글부글

정서 놀이

놀이 효과

신체	도구 조작
인지	이해력
관계	갈등 해결
언어	말하기
정서	자기 감정 인식, 감정 조절

놀이 소개

이 시기의 아이들은 화가 나거나 서운할 때 어떻게 표현해야 할지 어려워해요. 감정 표현이 미숙하기 때문이지요. '내 마음이 부글부글'은 화산이 폭발하는 장면을 보면서 감정을 해소하는 놀이입니다. 아이는 시각적인 모습을 통해 부정적인 감정을 건강하게 표현해야 한다는 것을 이해하게 된답니다.

준비물

큰 쟁반, 화산 모형, 베이킹 소다, 구연산, 빨간 색소, 물

놀이 목표

화가 난 마음을 해소할 수 있어요.

😊 놀이 방법

1 아이와 속상한 일, 화가 나는 일에 관해 이야기를 나눕니다. 그 당시에 마음이 어떠했는지, 또 그 마음을 표현하지 않고 참고 있을 때는 어떨지 화산 폭발 실험을 해 보자고 합니다.

2 큰 쟁반 위에 화산 모형을 놓습니다. 그 위에 베이킹 소다, 구연산, 빨간 색소를 넣고 물을 붓습니다.

3 화가 나거나 속상할 때는 이렇게 마음이 부글부글 끓어오르는 것이 자연스럽다는 사실을 아이에게 알려 줍니다. "나 진짜 화났어."라는 식으로 정중하게 말하는 연습을 해 보자고 합니다.

😊 **TIP**

• 화산 폭발로 녹아내리는 모습을 영상으로 찍어 둡니다. 아이가 속상해할 때마다 영상을 보여 줍니다. 그러면 아이는 감정을 건강하게 표현하는 방법을 알게 될 것입니다.

보호자 가이드 놀이를 하면서 아이의 마음에 공감한다는 의사 표시를 충분히 해 주세요. 용암이 끓어오르는 모습을 보며 "너도 이렇게 부글부글 마음이 터져 버릴 것 같을 때가 있지. 화가 나서 마음을 조절하기 어려울 때도 있을 거야."라고 말해 주세요. 아이는 보호자의 말을 통해 자신의 마음과 행동을 더욱 명확하게 이해하게 될 것입니다. 화가 날 때 어떻게 행동하면 좋을지 해결책을 제시해 주기보다는 감정을 해소하는 과정에 집중할 수 있게 도와주세요.

표정 풍선 놀이

정서 놀이

놀이 효과

신체	운동 계획
인지	이해력
관계	지시 따르기
언어	상황 언어
정서	감정 어휘, 자기 감정 인식

놀이 소개

이 시기의 아이들은 상대의 표정을 보면서 상대의 감정도 이해할 수 있게 돼요. '표정 풍선 놀이'는 아이가 풍선을 가지고 즐겁게 놀면서 '즐거워', '무서워', '부끄러워', '행복해' 등 다양한 감정을 언어로 사용해 보고, 표정과 관련된 감정들을 이해해 가는 것을 도와준답니다.

준비물

풍선, 다양한 모양의 눈·코·입 스티커, 눈·코·입 스티커를 붙일 동그란 종이, 테이프

놀이 목표

다양한 감정을 언어로 표현할 수 있어요.

:‿: 놀이 방법

1 풍선을 불어서 풍선의 위, 아래, 양옆, 네 부분에 눈·코·입 스티커를 붙인 동그란 종이를 고정시킵니다.
기쁜 표정, 슬픈 표정, 화난 표정 등을 다양하게 표현해 봅니다.

2 좋아하는 노래를 틀고 풍선으로 배구를 합니다. 노래가 멈추면 자신의 오른손 위치에 붙어 있는
표정이 무엇인지 말해 봅니다.

3 그 표정을 보며, 아이에게 비슷한 감정을 느낀 적이 있는지 물어봅니다. 아이가 대답하면 다시 노래를
틀고 풍선 배구를 이어 갑니다.

4 노래가 멈추면 다시 오른손 위치에 붙어 있는 표정을 말합니다. 비슷한 감정을 느낀 순간에 관해
이야기하며 놀이를 이어 가면 됩니다.

5 우리가 경험하는 모든 감정은 자연스럽고, 감정에 따라 우리의 표정과 행동이 달라질 수 있다는 것에
관해 이야기하며 마무리합니다.

보호자 가이드 아이가 기억이 잘 나지 않아서 대답을 못 할 수도 있습니다. 그럴 때는 "아빠(엄마)는 이런 적이 있어."라고 먼저 경험을 말해 주세요. 보호자가 자신의 이야기를 해 주기만 해도 아이는 비슷한 감정이나 경험을 연상할 수 있습니다. 평소 잠들기 전 보호자의 감정을 언어로 차분하게 설명하는 시간을 가져 보아도 좋아요. 그러면 아이도 감정을 말로 표현하는 것을 자연스럽게 여기게 될 것입니다.

캐치 캐치 나의 마음

정서 놀이

놀이 효과

신체	공간 지각
인지	이해력
관계	지시 따르기
언어	상황 언어
정서	감정 어휘, 자기 감정 인식

놀이 소개

만 4세 무렵에는 다양한 상황에 맞는 적절한 감정을 조금씩 이해하도록 배워야 합니다. 자신의 감정을 인식하다 보면, 타인의 감정을 대입해 이해하는 능력도 생겨나요. '캐치 캐치 나의 마음'을 통해 상황에 따른 적절한 기분을 이해하는 놀이를 해 보세요. 아이가 자신의 감정을 더 자연스럽게 이해하고 표현하게 될 것입니다.

준비물

표정 스티커, 도화지

놀이 목표

다양한 상황에 맞는 적절한 감정을 인식하고 표현할 수 있어요.

놀이 방법

1 아이에게 놀이 방법에 관해 설명합니다.

"지금부터 들려주는 이야기에 어울리는 표정 스티커가 거실에 숨겨져 있어. 이야기를 잘 듣고,
어울리는 표정 스티커를 가져와 도화지에 붙이는 거야."

2 아이에게 다양한 상황을 들려줍니다. 예시는 다음과 같습니다.

① 캄캄한 밤, 엄마(아빠)가 내 손을 잡고 함께 걸어가요. 내 표정을 캐치해 오세요.

② 생일 선물 상자를 열어 보았는데 내가 좋아하는 게 아니었어요. 내 표정을 캐치해 오세요.

③ 잠에서 깼어요. 엄마(아빠)가 나를 보고 웃으면서 "잘 잤어? 우리 예쁜 ○○이."라고 말하며 뽀뽀를 해 줬어요. 내 표정을
   캐치해 오세요.

④ 엄마(아빠)랑 게임을 했는데 내가 이겼어요. 내 표정을 캐치해 오세요.

⑤ 실수로 친구의 발을 밟았어요. 내 표정을 캐치해 오세요.

⑥ 내가 장난감을 망가뜨린 게 아닌데 혼나게 되었어요. 내 표정을 캐치해 오세요.

3 아이는 거실을 돌아다니며 어울리는 표정 스티커를
찾아 도화지에 붙입니다. 아이가 붙인 표정을
확인하고, 상황을 다시 들려주면서
왜 이런 표정을 선택했는지
물어봅니다.

☺ TIP

• 표정을 캐치할 때마다 외치는 주문을
  정해, 함께 외치며 표정 스티커를 붙
  여도 좋습니다.

보호자 가이드 아이가 찾아온 표정이 보호자가 생각한 표정과 다를 때
는 "○○이는 이런 표정이 되는구나. 이건 어떤 표정인 것 같아?"라고 물
어보며 아이의 생각을 들어 주세요. 사람마다 상황에 따라 느끼는 감정이
다를 수 있음을 존중하고, 아이가 느끼는 감정이 상황과 너무 동떨어져
있다는 판단이 들면 "나는 이럴 때 이런 마음이 들기도 해."라며 적절한
감정 표현을 제시해 주세요.

내 마음의 일기예보

정서 놀이

놀이 효과

신체	도구 조작
인지	기억력
관계	친밀감
언어	상황 언어
정서	자기 감정 인식, 감정 조절

놀이 소개

우리의 감정은 다양한 일과 속에서 상황에 따라 변화해요. '내 마음의 일기예보'는 아이가 감정 변화를 이해하도록 도와주는 놀이입니다. 이 놀이를 통해 아침에는 기대되고 설레던 마음이 오후에는 속상하고 슬플 수 있는 것처럼 감정은 똑같이 유지되는 것이 아니라 가변적이라는 사실을 알려 줄 수 있어요. 이런 감정의 특성을 이해하는 것은 감정을 조절하는 데 도움이 된답니다.

준비물

도화지, 색연필

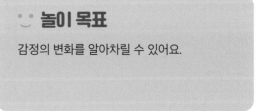

놀이 목표

감정의 변화를 알아차릴 수 있어요.

1 아이와 도화지에 주간 달력을 그려 봅니다. 일요일, 월요일, 화요일, 수요일, 목요일, 금요일, 토요일 칸을 만들고 날짜를 적습니다.

2 함께 만든 주간 달력을 보며, 어제와 오늘 가장 기억에 남은 일이 무엇이었는지 이야기합니다. 달력 안에 아이가 말한 일을 적습니다.

3 아이에게 그 당시의 기분에 관해 물어봅니다. '좋은 기분'은 해 그림, '화나는 기분'은 천둥 그림, '슬픈 기분'은 비 그림, '속상한 기분'은 구름 그림을 그리라고 합니다. 아이에게 해당 그림을 그린 이유를 물어보며 이야기를 나눕니다.

4 지난 일주일 동안 있었던 일에 관해 이야기를 나눕니다. 아이에게 일주일 동안의 마음을 날씨로 표현하며 그림을 그려 보자고 합니다.

5 마음이 매일 달라질 수 있다는 사실을 설명해 줍니다.

:) **TIP**

• 아이가 주간 달력으로 감정 변화를 수월하게 표현한다면, 월간 달력도 만들어 봅니다. 온 가족이 저녁마다 모여 매일 기억에 남은 일을 말하고, 감정을 날씨로 빗대어 언어적으로 표현하거나 그림으로 그려 보는 시간을 가져 보아도 좋습니다. 한 달 후, 가족의 마음 변화와 기억을 되돌아보며 함께 이야기를 나누어 봅니다.

보호자 가이드 이 시기의 아이들은 긍정적인 감정만 이야기하려는 경향을 보일 수도 있어요. 그럴 경우, 부정적인 감정도 자연스러운 감정이라는 사실을 알려 주세요.

4장

만 4세(54~59개월)

친구들과
함께 뛰어노는 것이
즐거워요

만4세 변신하기

54~59개월

신체 놀이

놀이 효과

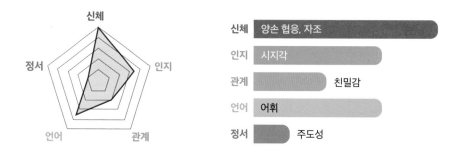

신체	양손 협응, 자조
인지	시지각
관계	친밀감
언어	어휘
정서	주도성

놀이 소개

아이는 손으로 들어온 촉각 정보와 눈으로 들어온 시각 정보를 통합해 눈-손 협응력을 키웁니다. 눈-손 협응력이 발달하면, 도구를 조작할 때 손과 손가락들을 어떻게 움직여야 할지 직관적으로 파악하게 되지요. 이러한 능력은 옷 입기, 씻기, 대소변 가리기, 식사와 같은 자조(self-care) 활동과 연관이 깊습니다. '변신하기'는 단순히 단추나 지퍼를 채우고 푸는 놀이가 아니에요. 이 놀이는 말하기가 수반되므로 아이의 어휘력과 표현력을 기르기에도 좋습니다. 옷을 여미고 풀어헤치는 동작에서 파생되는 개념과 어휘를 자연스럽게 익히게 되기 때문이지요.

준비물

가족 구성원의 특성이 드러나는 의상(단추의 크기와 개수가 다른 옷, 지퍼가 달린 옷 등), 액세서리, 거울

놀이 목표

옷에 달린 지퍼와 단추를 채울 수 있어요.

1 아이에게 놀이 방법에 관해 설명합니다.
"우리 서로 모습을 바꿔 보자. ○○이는 아빠로, 아빠는 엄마로 변신해 보는 거야."

2 옷과 액세서리를 한눈에 볼 수 있게 펼쳐 놓고, 변신할 가족을 표현할 수 있는 아이템을 선택합니다.

3 아이 스스로 거울 앞에서 선택한 옷을 입고 벗게 합니다. 처음에는 단추가 큰 겉옷부터 시작합니다.
아이가 놀이에 익숙해지면, 와이셔츠처럼 단추가 작고 단추 개수가 많은 옷이나 다양한 여밈 장치가
있는 옷 등으로 시도해 봅니다.

4 런웨이를 걷습니다.

5 서로의 패션에 대한 평을 해 줍니다.

6 집에 있는 아이템을 활용해 애니메이션 캐릭터 등으로 변신합니다.

보호자 가이드 매일 반복되는 자조 활동일수록 아이 스스로 할 수 있는 기회를 많이 만들어 주는 것이 중요해요. 아이는 일상 과제들을 해결할 때 성취감과 자신감이 생기기 때문이지요. 아이가 혼자서도 잘할 수 있다는 생각을 가질 수 있도록 처음에는 서툴러도 지켜봐 주는 것이 필요합니다.

신문지 팡팡

놀이 효과

신체	공간 지각, 운동 계획
인지	문제 해결력
관계	친사회적 행동
언어	상황 언어
정서	성취감

놀이 소개

우리는 도구를 조작할 때 다루는 도구가 무엇이냐에 따라 힘의 세기를 달리합니다. 병뚜껑을 열 때는 힘을 세게 주고, 두부를 요리할 때는 힘을 약하게 하지요. '신문지 팡팡'을 할 때는 풍선과 신문지가 필요합니다. 풍선과 신문지는 힘을 세게 주면 너무 높이 올라가거나 자칫하면 찢어질 수도 있어요. 이 놀이를 할 때는 두 사람이 마음을 모으고 힘도 합쳐야 합니다. 힘의 강약을 조절하고, 상대의 움직임을 살피면서 나의 움직임을 맞추는 과정을 통해 조절 능력도 키울 수 있답니다.

준비물

풍선, 풍선 펌프, 신문지 여러 장, 놀이 매트

놀이 목표

신문지가 찢어지지 않게 풍선을 튕길 수 있어요.

😊 놀이 방법

1 아이와 함께 풍선을 붑니다. 입으로 불거나 펌프로 바람을 넣습니다. 아이가 불 풍선은 먼저 펌프로 부풀렸다가 빼서 부드럽게 해 두는 것이 좋습니다.

> 😮 **주의 사항** 실내에 부딪칠 위험이 있는 가구는 미리 치워 둡니다.

2 풍선을 신문지 위에 올립니다. 보호자와 아이가 신문지 양 끝부분을 맞잡고 천천히 일어섭니다. 신문지로 풍선을 팅깁니다. 풍선을 떨어뜨리지 않고 몇 번까지 팅길 수 있는지 실험해 봅니다.

3 놀이 매트를 세워서 벽을 만들고, 벽 너머로 풍선을 넘깁니다.

4 신문지 장수를 추가해 아이 스스로 힘의 강도를 조절해야 할 상황을 만들어 봅니다.

😊 TIP

- 신문지 한 장을 두 사람이 잡은 경우, 조금만 힘을 주어도 신문지가 찢어지기 쉬우므로 힘을 약하게 주며 움직여야 합니다. 그런데 신문지를 여러 장 잡은 경우에는 힘을 어느 정도 주어야 합니다. 동시에 풍선을 팅기는 힘 또한 조절해야 합니다. 아이가 상황에 맞게 힘을 조절할 수 있도록 보호자가 힌트를 주는 것이 좋습니다.

- 4인 이상이 참여할 경우에는 팀을 나누어 진행할 수 있습니다.

> **보호자 가이드** 실수나 실패에 민감한 아이의 경우, 신문지가 찢어지면 속상해할 수 있습니다. 이 점을 미리 아이에게 알리고 잘 다독여 주세요.

박스 로봇으로 변신!

신체 놀이

놀이 효과

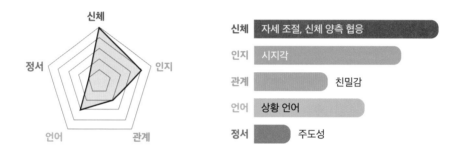

신체	자세 조절, 신체 양측 협응
인지	시지각
관계	친밀감
언어	상황 언어
정서	주도성

놀이 소개

박스는 아이들에게 참 좋은 놀잇감입니다. 몸이 쏙 들어가는 커다란 박스부터 각종 장난감으로 변신할 수 있는 작은 박스까지 모두 활용도가 아주 높아요. '박스 로봇으로 변신!'은 박스를 잘라 팔다리에 돌돌 말아 끼운 다음, 로봇처럼 움직여 보는 활동입니다. 아이는 움직임이 약간 불편해지면서 '어떻게 하면 잘 움직일 수 있을까?' 하며 궁리하게 될 거예요. 이 과정에서 몸을 좀 더 효율적으로 쓸 수 있게 된답니다.

준비물

박스, 박스 테이프, 가위, 사인펜

놀이 목표

일정하게 제한된 조건에서 가능한 자세와 동작을 다양하게 시도해 볼 수 있어요.

☺ 놀이 방법

1 재활용 가능한 박스를 모아 둡니다. 박스를 적당한 크기로 잘라 놓습니다.

2 로봇과 로봇의 움직임에 관해 이야기를 나눕니다. 박스를 이용해 로봇으로 변신하자고 제안합니다.

3 준비해 둔 박스를 아이와 보호자의 팔과 다리에 감아 크기를 조정합니다.

4 사인펜으로 박스를 꾸밉니다. 박스를 말아서 테이프로 고정하고, 아이와 보호자의 팔과 다리에
끼웁니다.

5 팔다리에 박스를 끼운 채 걷거나 물건을 옮겨 봅니다. 어떤
느낌인지 이야기를 나눕니다.

6 아이가 좋아하는 로봇 캐릭터로 변신합니다.

☺ TIP

- 박스 길이에 따라 난도가 달라지는 놀이입니다. 박스가 팔다리
  길이만큼 길면 움직임 자체가 어려워지기 때문입니다. 아이의
  수행 능력에 따라 박스 길이를 조정할 필요가 있습니다. 박스 두
  께를 이용한 난도 조절도 가능합니다.
- 변신 후, 만화 내용을 참고해 역할극을 합니다. 도움이 필요한 순
  간에 출동해 문제를 해결하는 이야기면 좋습니다.

보호자 가이드 아이가 박스를 몸에 끼우
는 것을 겁낼 수도 있어요. 이럴 때는 보
호자가 먼저 박스를 몸에 끼워 보는 것
이 좋습니다. 처음에는 팔만 끼우고 놀다
가 익숙해지면 박스 끼우는 부분을 늘려
가도 됩니다.

이게 무슨 ○○이야?
(소리, 맛, 냄새, 재질)

신체 놀이

☺ 놀이 효과

신체	감각 발달, 구강 운동
인지	주의력
관계	지시 따르기
언어	어휘
정서	성취감

☺ 놀이 소개

'이게 무슨 ○○이야?'는 주어진 자극을 토대로 주위 상황을 인식하는 놀이입니다. 아이는 몸의 자세와 위치, 만지거나 닿는 사물의 느낌, 눈에 보이는 물체, 귀에 들리는 소리 등 온갖 감각 정보를 조합해 주위 상황을 인식하고 변별하게 돼요. 아이는 훈련을 통해 주위 상황을 알아차리고, 이에 적절한 움직임을 계획하고 실행할 수 있게 된답니다.

☺ 준비물

녹음한 소리, 맛이나 향이 명료한 음식, 향이 있는 재료, 종이컵, 랩, 다양한 재질의 천과 물건

☺ 놀이 목표

주어진 자극의 특성을 구별할 수 있어요.

☺ 놀이 방법

1 다양한 소리를 녹음합니다. 여러 음식을 작게 잘라 둡니다. 향이 있는 물건이나 음식을 종이컵에 넣은 후 랩을 씌웁니다. 다양한 재질의 천과 물건을 꺼내 놓습니다.

2 소리 아이에게 소리를 들려줍니다. 아이가 정답을 말하면, 소리에 대한 느낌도 이야기해 보자고 합니다. 식기 세척기 소리, 세탁기 소리, 헤어드라이어 소리, 청소기 소리, 변기 물 내려가는 소리, 노랫소리, 보호자가 흥얼거리는 소리 등이 각각 어떤 느낌을 주는지 이야기합니다.

3 맛 아이의 눈을 가린 후 음식 조각을 입에 넣어 주고 맛을 느끼게 합니다. 어떤 음식인지, 식감이나 맛이 어떤지 이야기해 봅니다.

4 냄새 아이의 눈을 가리고 레몬, 김치, 커피 등의 냄새를 맡게 합니다. 어떤 냄새인지 말로 표현하고, 어떤 음식인지 맞히게 합니다. 오일, 로션, 비누, 식초 등의 향을 맡고, 좋아하거나 싫어하는 향을 구분하게 해도 좋습니다.

> 😮 **주의 사항** 향이 있는 오일이나 로션을 사용할 때는 주의해야 합니다. 아이가 알레르기에 민감할 수 있기 때문입니다. 놀이 전에 미리 성분을 확인하는 것이 좋습니다.

5 재질 물건의 질감을 만지거나 발로 탐색하고 그 느낌을 이야기합니다. 거친 것, 부드러운 것, 울퉁불퉁한 것, 끈적이는 것, 젖은 것, 마른 것 등 다양한 질감을 경험하게 합니다.

☺ **TIP**

• 각 자극의 특성과 그에 대한 개인적 취향을 함께 이야기합니다. 각 자극의 특성을 비교해 보고, 이전에 비슷한 경험을 했다면 그때와 지금이 어떻게 다른지 알아봅니다.

보호자 가이드 다양한 감각을 경험하는 것은 감각을 구별하는 능력을 향상시킵니다. 이 활동을 통해 아이가 선호하는 감각과 싫어하는 감각을 찾아보고, 그 느낌에 관해 이야기해 보세요.

터널을 만들어요

신체 놀이

놀이 효과

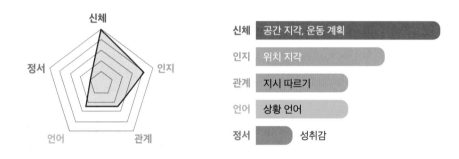

신체	공간 지각, 운동 계획
인지	위치 지각
관계	지시 따르기
언어	상황 언어
정서	성취감

놀이 소개

우리의 몸은 좌우 양쪽으로 이루어져 있어요. 몸의 좌우를 동시에 사용하는 것을 '양측 협응'이라
합니다. 이는 중요한 운동 기술이지요. 단추 채우기, 계단 오르내리기, 달리기, 줄넘기 등 일상적인
많은 활동을 하려면 양측 협응, 즉 신체의 양쪽을 동시에 사용해야 합니다. 아이는 '터널을 만들어
요'를 통해 집 안 곳곳에 다양한 터널을 만들고 터널 아래를 네발로 기어가게 돼요. 네발 기기는 신
체의 좌우를 교대로 움직이는 활동이어서 양측 협응 기술의 발달을 돕는답니다.

준비물

터널 구조를 만들 수 있는 가구 또는 소품(식탁
의자, 안전 매트, 택배 상자, 이불, 우산 등)

놀이 목표

집에 있는 물건들을 이용해 터널을 만들고, 터
널 안으로 이동할 수 있어요.

☺ 놀이 방법

1 아이와 터널에 관해 이야기합니다. 함께 터널을 지나 본 경험이 있다면, 그 순간에 관해 이야기해도 좋습니다.

2 터널 구조를 만들 수 있는 가구나 소품을 함께 찾습니다.

주의 사항 아이가 무거운 것을 옮길 때 다치지 않도록 도와야 합니다.

3 모은 재료로 터널을 만듭니다.

4 터널 크기에 맞게 몸을 굽혀 이동합니다.

5 서로 다른 재료로 만든 여러 개의 터널을 합칩니다. 안방에서 아이 방, 또는 거실에서 주방까지 터널로 연결해 이동합니다.

☺ **TIP**

• 재료는 다양하게 쓰면 좋습니다. 식탁 의자를 길게 연결해 아래로 지나가기, 안전 매트를 부분적으로 세워서 아래로 지나가기, 택배 상자 연결하기, 이불 터널 아래로 지나가기, 우산 터널 만들기 등을 시도해 볼 것을 권합니다.

보호자 가이드 'Just right challenge(적절한 도전)'라는 말이 있습니다. 너무 쉽지도, 너무 어렵지도 않은 적절한 도전의 기회를 제공할 때 아이의 참여 의욕이 높아집니다. 아이에게 적합한 도전의 수준을 찾아보세요.

마트에 가요(1)

인지 놀이

놀이 효과

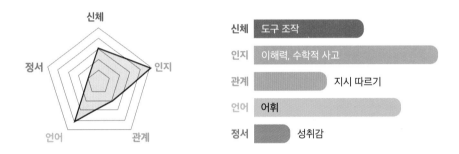

신체	도구 조작
인지	이해력, 수학적 사고
관계	지시 따르기
언어	어휘
정서	성취감

놀이 소개

아이들은 물건을 구매하는 놀이도 좋아하지만, 판매하는 놀이도 좋아합니다. 여러 가지 물건을 판매하려면 기준을 정해서 분류해야 돼요. 아이는 '마트에 가요(1)'을 통해 점원이 되어서 물건을 분류해 보는 경험을 할 수 있습니다. 이 과정에서 여러 물건의 공통된 속성, 쓰임새를 가지고 큰 틀로 묶게 돼요. 자연스럽게 '범주화 개념'을 터득하게 되는 것이지요. 아이는 기준을 정해서 분류해 보고, 재미있게 마트 놀이도 하면서 상위 개념도 저절로 익힐 수 있답니다.

준비물

빈 진열대 그림, 마트에서 파는 물건들 그림 또는 사진, 가위, 장바구니

놀이 목표

여러 종류의 물건을 기준에 따라 분류할 수 있어요.

☺ 놀이 방법

1 마트에 갔던 경험에 관해 이야기합니다. 아이에게 나만의 마트를 만들어 보자고 설명합니다.

2 빈 진열대 그림과 마트에서 파는 물건들 그림이나 사진을 아이와 함께 가위로 오립니다.

주의 사항 가위를 사용할 때는 안전에 주의합니다. 아이 혼자 완벽하게 자르기 어려우므로 보호자의 도움이 필요합니다.

3 마트에서 파는 물건들을 과일, 채소, 수산물, 음료, 과자 등 종류별로 분류해 봅니다.

4 빈 진열대에 분류한 물건들을 범주에 맞게 올려놓습니다.

5 오린 물건들 그림이나 사진을 활용해 마트 놀이를 합니다. 손님은 물건들을 고릅니다. 점원은 계산해 주고 장바구니에 물건을 담습니다.

☺ TIP

• 실제로 마트에 가서 물건들이 어떻게 분류되어 있는지 살펴보는 것이 좋습니다. 아이가 사고 싶은 물건을 직접 찾거나 보호자가 말한 물건을 찾아보며 놀이를 확장할 수 있습니다.

보호자 가이드 아이는 자신에게 익숙한 물건들은 잘 분류하는데, 그렇지 못한 물건들을 분류하는 것은 어려워할 수 있습니다. 장난감은 쉽게 찾지만 세제는 찾지 못하는 것이지요. 아이가 분류의 기준을 이해할 수 있게 도와주세요. 분류는 더 많은 양을 기억하는 전략으로 사용될 수 있습니다.

오른쪽 왼쪽 구분하기

인지 놀이

☺ 놀이 효과

신체	공간 지각
인지	시지각, 위치 지각
관계	지시 따르기
언어	어휘
정서	성취감

☺ 놀이 소개

아이들은 방향 감각 중에서 '위, 아래'는 쉽게 알지만 '오른쪽, 왼쪽'은 어렵게 느끼기도 해요. '위, 아래'는 좌뇌와 우뇌의 연결 없이도 구별할 수 있지만 '오른쪽, 왼쪽'은 좌뇌와 우뇌의 협응이 이루어져야만 가능하기 때문이지요. 아이는 '오른쪽 왼쪽 구분하기'를 통해 좌우 개념과 시지각, 공간 지각의 기본 개념을 익힐 수 있답니다.

☺ 준비물

리본, 상자 2개, 블록 또는 장난감, 활동지(2개의 의자가 나란히 그려진 종이), 스티커

☺ 놀이 목표

오른쪽과 왼쪽을 구분할 수 있어요.

😊 놀이 방법

리본을 활용해 좌우 구분하기

1 아이의 오른쪽 손목에 리본을 살짝 묶습니다. 리본 묶인 쪽이 오른쪽, 리본이 없는 쪽이 왼쪽임을 알려 줍니다.

2 오른손을 들어 보라고 말한 후 아이가 리본 묶인 손을 들게 합니다. 같은 방법으로 왼손도 연습합니다.

3 아이가 수행을 잘하면, 리본 없이 오른손과 왼손을 들어 보며 오른쪽과 왼쪽을 구분해 봅니다.

상자를 활용해 좌우 구분하기

1 상자 2개를 나란히 놓고, 블록이나 장난감을 상자 오른쪽과 왼쪽에 놓는 시범을 보입니다.

2 아이에게 블록이나 장난감을 상자 오른쪽이나 왼쪽에 놓아 보라고 하며 연습합니다.

활동지를 활용해 좌우 구분하기

1 2개의 의자가 나란히 그려진 활동지를 준비합니다.

2 보호자의 말에 따라 스티커를 오른쪽, 왼쪽에 붙이게 합니다.
"곰은 오른쪽 의자에 앉아 있어. 스티커를 어디에 붙이면 좋을까?"

😊 TIP

• 아이가 주로 사용하는 손은 늦어도 만 3세에는 결정됩니다. 오른손잡이 아이라면 "○○이가 밥 먹을 때 숟가락을 어느 손으로 잡지? 그 손이 오른손이야." 하며 아이의 우세 손을 기준으로 이해를 도울 수 있습니다.

보호자 가이드 아이는 다른 사람과 마주 앉았을 때 서로의 오른쪽과 왼쪽이 똑같지 않음을 이해하기 어려워요. 아이의 눈높이에서 오른쪽, 왼쪽을 충분히 이해할 수 있도록 도와주세요. 일상에서는 '이쪽으로, 저쪽으로'라고 말하기보다는 왼쪽과 오른쪽에 관해 구체적으로 이야기해 주면 도움이 될 것입니다.

무게 비교하기

인지 놀이

놀이 효과

신체	감각 발달
인지	수학적 사고
관계	지시 따르기
언어	어휘
정서	성취감

놀이 소개

2개 이상의 사물은 크기, 길이, 높이, 양, 두께 등 여러 가지로 비교할 수 있습니다. '무게 비교하기'는 그중에서 '무게'를 이용한 놀이예요. 아이는 쌀이나 콩의 양을 조금씩 늘려 가며 간단한 생활 속 실험으로 무게를 비교하면서 양에 대한 수학적 개념을 익힐 수 있습니다. 물건의 양이 늘어날수록 변화하는 배를 보면서 무게에 따라 달라지는 현상들을 비교·관찰하며 행동의 원인과 결과도 직접 체험해 볼 수 있답니다.

준비물

페트병 3개, 쌀 또는 콩, 장난감 배 또는 플라스틱 그릇, 여러 가지 작은 물건

놀이 목표

비교를 통해 무게 개념과 인과 관계를 이해할 수 있어요.

놀이 방법

1번 활동

1 페트병 3개를 준비합니다. 하나는 쌀이나 콩을 가득 채우고, 하나는 반만 채우고, 나머지 하나는 빈 병으로 놓아둡니다.

> **주의 사항** 페트병이 너무 크면 무거운 페트병을 들 때 아이가 다칠 수 있습니다. 따라서 적당한 크기의 페트병을 사용하는 것이 좋습니다.

2 3개의 페트병이 서로 어떻게 다른지 아이와 이야기를 나눕니다.

3 페트병을 직접 들어 무게를 느껴 봅니다. "가벼워요. 너무 무거워서 못 들겠어요. 이건 조금 무거워요." 라는 식으로 대답을 유도합니다.

4 페트병을 흔들어 무게에 따른 소리의 차이를 들어 봅니다. 노래에 맞춰 흔들기 놀이를 합니다.

2번 활동

1 싱크대나 욕조에 물을 채웁니다. 장난감 배나 플라스틱 그릇을 물 위에 띄웁니다.

2 여러 가지 작은 물건을 준비합니다. 물건을 얼마나 많이 실어야 배가 가라앉을지 예상해 봅니다. 손으로 무게를 짐작해 물건을 하나씩 배에 싣습니다. 물건의 무게에 따라 배의 상태가 달라지는 과정을 지켜봅니다.

 TIP

• '2번 활동'은 목욕 중에 해도 좋습니다.

> **보호자 가이드** '2번 활동'을 할 때 물건을 한꺼번에 많이 싣기보다는 하나씩 올려 무게에 따른 작은 변화를 확인하도록 도와주세요.

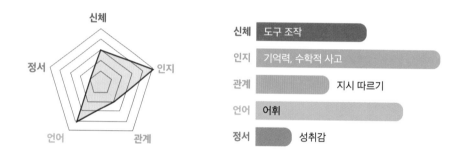

만 4세
54~59 개월

몇 번째 기차에 타고 있나요?

인지 놀이

놀이 효과

신체	도구 조작
인지	기억력, 수학적 사고
관계	지시 따르기
언어	어휘
정서	성취감

놀이 소개

아이들에게 수를 가르칠 때는 '기수-자연수-서수' 순으로 가르치는 것이 효과적입니다. '하나, 둘, 셋-1, 2, 3-첫 번째, 두 번째, 세 번째' 순으로 알려 주는 것이지요. 참고로 '서수'는 '첫째, 둘째, 셋째', '1층, 2층, 3층', '1등, 2등, 3등'처럼 순서를 나타내는 수예요. 아이들은 익숙한 개념이나 사물을 활용해 공부할 때 학습 효과를 크게 느낍니다. '몇 번째 기차에 타고 있나요?'는 아이들이 좋아하는 기차를 이용해서 서수의 개념을 조금 더 쉽고 효과적으로 익힐 수 있는 놀이랍니다.

준비물

우유 갑(또는 빈 요구르트 통, 종이컵) 10개, 끈 또는 테이프, 스티커 또는 색종이, 가위, 작은 동물 인형 또는 장난감 모형 10개

놀이 목표

서수를 이해하고 올바르게 표현할 수 있어요.

☺ 놀이 방법

1 아이와 기차를 만듭니다. 우유 갑, 빈 요구르트 통, 종이컵 등을 일렬로 10개 세우고 끈이나 테이프로 연결합니다. 꾸미기 재료로 기차를 꾸밉니다. 스티커나 색종이를 붙여 첫 번째 기차 칸을 표시합니다. 작은 동물 인형이나 장난감 모형도 10개 준비합니다.

2 아이의 왼쪽을 기준으로 각 칸의 순서를 알려 줍니다. 가장 왼쪽이 첫 번째 칸이고 가장 오른쪽이 열 번째 칸임을 순서대로 말해 줍니다.

3 "첫 번째 칸에 토끼를 태워 주세요."처럼 보호자가 기차 칸의 순서와 동물 이름을 말하면, 아이는 지시대로 동물 인형을 기차에 태웁니다.

4 반대로 아이가 칸과 동물을 정해 주면, 보호자가 기차에 동물 인형을 태웁니다.

5 모든 동물이 기차에 타면, 즐겁게 기차 놀이를 합니다.

☺ **TIP**

- 아이가 놀이를 잘 따라 하면, 한꺼번에 2개의 지시를 시도해 봅니다.
  "첫 번째 칸에는 토끼를 태우고, 세 번째 칸에는 코끼리를 태워 주세요."
- 아이가 놀이를 어려워하면, 한 번에 10칸 기차를 만드는 대신 3칸 기차, 5칸 기차로 점차 늘려 가며 활동을 진행합니다. 꾸미기를 좋아하는 아이라면, 기차 만드는 시간을 충분히 줍니다.

보호자 가이드 덧셈이나 뺄셈을 할 때 단순 개념을 묻는 문제는 잘 푸는데, 순서 개념을 묻는 문제는 어려워하는 아이들이 있습니다. 평소 아이 앞에서 서수가 들어간 문장을 많이 사용해 주세요. "양말은 위에서 첫 번째 서랍에 있어. 왼쪽에서 세 번째 동화책 꺼내 줄래?" 같은 표현을 자주 사용하면, 아이는 서수 개념에 익숙해질 것입니다.

거꾸로 말해 보자

놀이 효과

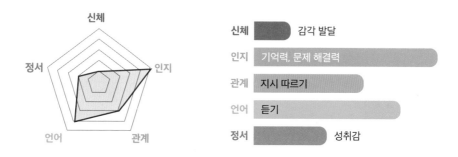

신체		감각 발달
인지	기억력, 문제 해결력	
관계	지시 따르기	
언어	듣기	
정서		성취감

놀이 소개

'거꾸로 말해 보자'는 작업 기억과 관련이 있는 놀이예요. '작업 기억'은 필요한 정보를 일시적으로 저장했다가 필요할 때 그 정보를 활용해서 계획하고 실행하는 능력을 말합니다. 작업 기억을 잘 활용하면, 제한된 시간에 더 많은 정보를 외우고 더 많은 문제를 풀 수 있어요. 그런데 거꾸로 말한다는 것은 생각보다 쉽지 않습니다. 익숙하고 쉬운 단어는 곧잘 성공하지만, 받침이 생기고 음절이 많아질수록 헷갈리지요. 너무 잘하려고 하기보다는 놀이를 즐기는 것이 중요해요. 웃으며 거꾸로 말하다 보면 어느새 듣고, 이해하고, 기억하는 능력이 향상될 것입니다.

준비물

없음

놀이 목표

2음절 이상의 낱말을 거꾸로 말할 수 있어요.
작업 기억을 향상시킬 수 있어요.

☺ 놀이 방법

1 "청개구리는 '굴개굴개' 울었대. 왜 그랬을까?"
아이에게 청개구리 이야기를 해 줍니다. 그런 후 오늘 청개구리가 되어 볼 것이라고 말합니다.

2 보호자가 단어를 말합니다. 아이에게 잘 기억했다가 거꾸로 말해 보라고 합니다. 보호자가
"청개구리야, 나를 따라 해 봐. 개굴."이라고 말하면, 아이는 "굴개."라고 대답하는 식으로 놀이를
진행합니다.

3 처음에는 2음절 낱말로 시작합니다. 성을 뺀 아이의 이름, 토끼, 인형, 엄마, 아빠 같은 단어를 말해
봅니다. 그러다 점점 낱말의 음절 수를 늘리면 됩니다.

☺ **TIP**

- 초반에는 아기, 사과, 자두처럼 받침이 없고 아이에게 익숙한
  낱말이 좋습니다. 그러다 아이가 놀이에 익숙해지면 열쇠, 결혼,
  동생처럼 받침이 있는 낱말이나 처음 듣는 낱말도 제시해 줍니
  다.
- 아이가 놀이에 익숙해지면, 아이가 2음절 낱말을 말하고 보호
  자가 거꾸로 대답하는 식으로 진행해 봅니다.

보호자 가이드 아이가 '거꾸로'라는 개념을
이해하지 못할 수도 있습니다. 아이가 '거
꾸로'의 개념을 정확히 아는지 먼저 확인해
주세요.

나는 따라쟁이

관계 놀이

놀이 효과

신체	운동 계획
인지	주의력
관계	친밀감, 지시 따르기
언어	상황 언어
정서	공감

놀이 소개

만 4세 무렵의 아이들은 타인에게 관심을 가지고, 상대방의 특징을 하나씩 이해하기 시작합니다. 상대방의 행동을 따라 하면서 관심을 표현하기도 하지요. '나는 따라쟁이'는 타인의 특성을 관찰하고 표현해 볼 기회를 제공하는 놀이입니다. 서로 관심을 주고받으면서 친밀감이 깊어지는 경험을 하고, 나와 다른 사람들의 특성을 이해하는 기회도 될 거예요.

준비물

거울

놀이 목표

타인에게 관심을 가지고 타인의 특성을 이해할 수 있어요.

☺ 놀이 방법

1 아이에게 거울에 비친 자신의 모습을 관찰하게 합니다. 보호자와 아이가 서로를 거울에 비춰 보며,
서로 거울이 되기로 합니다.

2 아이가 눈을 감고 다섯을 세고, 보호자는 특정한 표정이나 자세를 취한 상태로 정지합니다. 발레
동작, 태권도 발차기 동작, 수영 동작 등을 흉내 내면 좋습니다.

3 아이가 눈을 뜨고 보호자의 모습을 보며 흉내를 냅니다. 똑같이 따라 하면, "우리는 똑같아." 하고 볼
뽀뽀를 한 다음 역할을 바꿉니다.

4 <나처럼 해 봐라, 이렇게>
노래를 부르며 서로의
모습을 따라 하는
놀이를 합니다.

☺ TIP

• 아이가 놀이에 익숙해지면, 정지
동작이 아닌 두 가지 연결 동작을
제시해도 좋습니다.

보호자 가이드 아이가 균형 잡기 등의 자세를 조금 어려워할 수도 있
습니다. 아이의 신체 발달 특징을 살펴보고, 아이가 재미있어 할 만한
자세를 취해 주세요. 동물을 좋아하는 아이에게는 동물의 특징을 보
여 주는 동작을, 운동을 배우는 아이에게는 발레나 태권도, 수영 등의
특징적인 자세를 제시하면 아이가 더욱 즐거워할 것입니다.

엄마(아빠)가 되어 볼래!

관계 놀이

놀이 효과

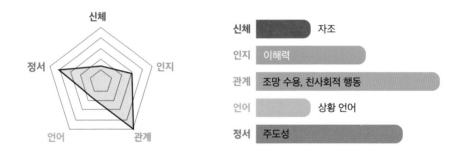

신체	자조
인지	이해력
관계	조망 수용, 친사회적 행동
언어	상황 언어
정서	주도성

놀이 소개

아이들은 만 4세 무렵이 되면 스스로 할 수 있는 일이 많아져요. 자연스럽게 누군가를 돌보는 데 관심을 가지게 되지요. 누군가를 돌보면서 성취감과 유능감, 자신감을 경험하기도 해요. 보호자의 수저를 놓거나 가방을 들어 주려는 등 보호자를 위해 뭔가를 하며 기쁨을 얻기도 하지요. '엄마(아빠)가 되어 볼래!'는 보호자와 아이가 서로 돌봐 주는 행위를 통해 돌봄에 대한 욕구 충족과 성취감을 느끼게 하는 놀이랍니다.

준비물

떠먹는 요구르트, 수저, 물티슈

놀이 목표

보호자와 아이가 서로 돌봐 주는 과정을 경험할 수 있어요. 보호자와 아이의 친밀감이 높아질 수 있어요.

😊 놀이 방법

1 아이에게 역할을 바꿔 보호자를 아기처럼 돌보는 놀이를 하자고 합니다.
"○○이가 지금은 많이 컸지만, 아직 엄마(아빠)가 도와주는 게 많잖아. 간식 챙겨 주고, 밤에 토닥토닥
재워 주고, 같이 놀기도 하고, 세수나 양치도 도와주지. 또 언제 엄마(아빠)가 도와주지?"

2 간식 시간, 세면 시간, 낮잠 시간에 엄마(아빠)를 돌봐 달라고 합니다.

3 '간식 시간 돌봄 놀이'를 합니다. 먼저 손을 깨끗하게 닦고, 떠먹는 요구르트를 먹여 달라고 합니다.
보호자를 아기라고 생각하며 조심조심 떠먹이고 입도
닦아 달라고 합니다.
"엄마(아빠)는 ○○이처럼 아이로 변신할 거야.
우리 간식부터 먹을까? ○○이가 엄마(아빠)
한테 요구르트 흘리지 않게 먹여 줘."

4 '세면 시간 돌봄 놀이'를 합니다. 간식을
다 먹고 보호자를 화장실로 데려가
양치를 돕게 합니다.

5 '낮잠 시간 돌봄 놀이'를 합니다.
보호자를 눕혀서 자장가를 불러 주고
토닥여 재우게 합니다.

6 보호자는 아이가 돌봐 주었을 때의
느낌을, 아이는 보호자를 돌볼
때의 기분에 관해서 이야기를
나눕니다.

😊 **TIP**

• 놀이를 하는 동안 "흘리지 마라, 입으로 잘 넣지
못하네, 치약을 너무 많이 짰어, 살살 해라."처
럼 아이를 나무라는 말은 하지 않는 것이 좋습
니다.

보호자 가이드 아이는 보호자를 돌보면서 어느 때보다도 차분
하고 진지한 모습으로 변할 것입니다. 아이의 작은 손이 보호자
를 토닥일 때 아이와 눈을 맞추고 따뜻한 감정 안에 충분히 머
물러 보세요. 그리고 아이에게 마음을 꼭 표현해 주세요. 그러
면 이 놀이가 보호자에게도 가슴 뭉클하고 따뜻한 기억으로 남
을 것입니다.

내가 뷰티 디자이너

관계 놀이

놀이 효과

신체	자조
인지	시지각
관계	친밀감, 친사회적 행동
언어	상황 언어
정서	주도성

놀이 소개

만 4세 무렵의 아이들은 또래에 대한 관심이 늘기 시작합니다. 또한 양보, 동정심, 측은심 등이 생기면서 다른 사람을 돕고 싶은 친사회적 행동을 하기도 하지요. '내가 뷰티 디자이너'는 친밀한 대상인 보호자의 외모를 꾸며 주며 돌봄 욕구를 표현하고, 친사회적 행동을 경험하게 하는 놀이예요. 이 놀이는 또래 관계에서도 다양하게 적용해 볼 수 있답니다.

준비물

네일 스티커, 로션, 거울, 빗, 장난감 가위, 캐릭터 스티커 또는 도장

놀이 목표

타인에 대한 호의적인 태도를 표현해 볼 수 있어요.

😊 놀이 방법

1 아이에게 보호자나 교사, 어른들의 손톱과 발톱이 예쁘게 다듬어진 것을 본 적이 있는지 물어봅니다. 함께 미용실에 갔던 경험을 이야기합니다. 아이가 처음 머리 자르던 날의 사진을 준비해도 좋습니다. 서로를 멋지고 예쁘게 가꾸어 주는 놀이를 하자고 제안합니다.

2 손톱과 발톱에 붙이는 스티커를 보여 주고, 어울리는 모양을 찾아보자고 합니다. 보호자의 손톱과 발톱에 어울리는 스티커를 붙이고, 로션으로 손과 발 마사지를 해 주게 합니다.

3 아이가 보호자의 머리를 빗고, 장난감 가위로 자르는 흉내를 냅니다. 역할을 바꿔서 같은 시도를 반복합니다. 아이가 손톱과 발톱에 스티커를 붙이기 싫어할 경우에는 로션 마사지만 해 줍니다.

4 보호자가 무릎 위에 아이를 앉히고 머리를 빗겨 줍니다. 거울로 변화된 모습을 확인하게 한 후 멋지고 예쁜 모습을 칭찬합니다. 가꾸어 준 모습을 사진으로 남기며 기분을 표현합니다.

😊 **TIP**

- 손톱, 발톱 꾸미기를 싫어하는 아이라면 손등에 좋아하는 캐릭터 스티커를 붙이거나 도장을 찍어 주어도 좋습니다. 아이가 촉감에 민감하다면 손바닥과 발바닥 그림에 꾸미기를 한 다음, 너를 멋지고 예쁘게 표현해 주고 싶었다고 말해 줍니다.
- 아이가 보호자의 머리를 빗길 때 힘 조절을 어려워할 수 있습니다. 아프다면 "살살 빗겨 줘."라고 다정하게 말합니다.

보호자 가이드 아이를 무릎 위에 앉혀 머리를 다듬는 과정에서 "바르게 앉아, 움직이지 마." 같은 말은 삼가 주세요. 아이의 머리를 쓰다듬고 빗으며 애정을 표현하는 시간임을 기억하세요. 아이의 놀이가 끝나면, 근사하게 꾸며 주어서 고맙다고 말해 주세요.

수건 협동 놀이

관계 놀이

놀이 효과

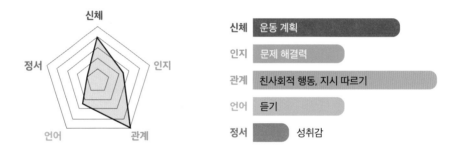

신체	운동 계획	
인지	문제 해결력	
관계	친사회적 행동, 지시 따르기	
언어	듣기	
정서		성취감

놀이 소개

아이들은 만 4세 무렵이 되면 또래와 협력해야 할 상황을 자주 겪습니다. 친구에게 장난감을 빌려 달라고 요청하거나 급식 순서를 기다리고 양보하는 등 더불어 사는 태도를 키워야 하는 상황과 자주 직면하지요. 아이는 '수건 협동 놀이'를 통해 함께하는 즐거움, 협력하는 과정에서의 기쁨을 경험할 수 있답니다.

준비물

수건, 풍선, 바구니

놀이 목표

협력하는 놀이의 즐거움을 경험할 수 있어요.

놀이 방법

1 아이에게 수건을 가지고 함께하는 놀이를 해 볼 것이라고 이야기합니다.

2 보호자와 아이가 길게 편 수건의 양 끝을 잡습니다. 수건을 밀거나 당기고, 위아래로 움직이고, 양옆으로 흔드는 등 다양한 방법으로 움직여 봅니다. <그대로 멈춰라> 노래를 부르면서 놀이를 이어 가다가 "즐겁게 수건으로 놀다가 그대로 멈춰라!" 하면 동작을 정지합니다.

3 출발선과 반환점을 표시합니다. 보호자와 아이가 수건을 펼쳐 양 끝을 잡고 풍선을 올린 다음 출발합니다. 반환점을 돌아 출발선 옆에 있는 바구니에 풍선을 넣습니다. 처음에는 천천히 하고 점차 20초, 15초, 10초 등으로 시간을 정해 풍선을 떨어뜨리지 않고 다녀옵니다. 그룹으로 놀 경우, 풍선을 떨어뜨리지 않고 많이 옮기는 게임을 하는 것이 좋습니다.

4 아이에게 놀이가 어땠는지 물어봅니다. 수건으로 함께할 수 있는 다른 놀이에 관해 이야기해 봅니다.

☺ **TIP**

• 수건을 공처럼 만들어서 수건 공놀이를 해도 됩니다.

보호자 가이드 아이들은 승부욕이 강해서 무조건 이기고 싶어 해요. 내가 몇 개 했는지, 내가 더 잘하는지 등을 계속 확인받으려는 경향이 있지요. 아이에게는 "아빠(엄마)보다 많이 쳤네."처럼 결과를 강조하는 말보다는 "우리 같이하니까 너무 재밌다. ○○이 힘이 많이 세졌구나."처럼 과정을 강조하는 말을 많이 해 주세요. 그러면 아이는 이런 상호 작용을 경험하며 결과보다 과정을 즐기고 최선을 다하는 사람으로 성장하게 됩니다.

우리 집 보물 상자

관계 놀이

놀이 효과

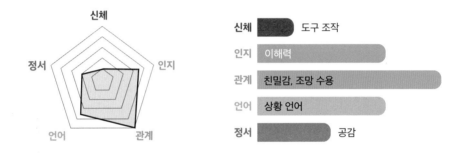

신체	도구 조작
인지	이해력
관계	친밀감, 조망 수용
언어	상황 언어
정서	공감

놀이 소개

아이들은 애착 인형, 이불, 장난감 자동차 등을 들고 다니는 것처럼 각자에게 소중한 의미가 담긴 물건이 있어요. '우리 집 보물 상자'는 가족 구성원 모두에게 소중하고 특별한 물건을 알아 가는 놀이입니다. 서로에게 소중하고 특별한 것이 무엇인지 이야기하면서 이해와 공감, 존중이 더 깊어질 수 있어요. 아이는 이 놀이를 통해 서로의 특별함과 소중함을 인정해 주는 경험을 할 수 있답니다.

준비물

상자, 색칠 도구, 색종이, 풀, 가위, 자물쇠

놀이 목표

서로 특별하고 소중한 것에 공감할 수 있어요.

☺ 놀이 방법

1 가족 구성원들이 한자리에 모여 앉습니다. 각자 특별하게 생각하는 물건이 무엇인지, 그렇게 생각하는 이유는 무엇인지에 관해 이야기를 나눕니다.

2 우리 가족의 특별함을 담을 보물 상자를 만들자고 제안합니다. 빈 상자를 가져와 여러 가지 재료를 이용해 함께 꾸밉니다.

3 각자 소중히 간직하고픈 물건을 모아 상자에 함께 담습니다. 상자를 자물쇠로 잠갔다가 열어 보고 싶을 때 함께 열기로 약속합니다. 보물 상자를 숨길 장소도 함께 정합니다.

4 보물 상자에 이름을 붙이고, 앞으로도 소중한 것들을 채워 가기로 합니다.

☺ TIP

• 아이는 자물쇠를 열고 잠그는 과정만으로도 놀이를 흥미롭게 느낄 수 있습니다. 자물쇠를 직접 조작할 여건이 되지 않는다면 도어 록 그림을 그려 가족이 공유하는 비밀 번호를 정하고, 상상으로 열고 잠그는 놀이를 해도 됩니다.

보호자 가이드 아이가 가져오는 물건은 아이에게 의미가 있는 것입니다. 별것 아닌 것처럼 보일지라도, 물건의 특별한 의미를 물어보며 아이의 마음을 존중해 주세요. 아이도 보호자의 마음이 어떤지 들어 보면서 함께 감정을 나눌 수 있도록 해 주세요.

발음 놀이(2)

언어 놀이

놀이 효과

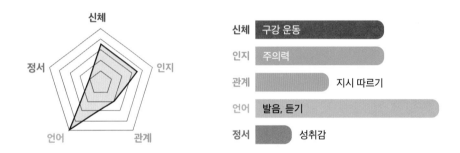

신체	구강 운동
인지	주의력
관계	지시 따르기
언어	발음, 듣기
정서	성취감

놀이 소개

이 시기의 아이들은 단어 중간 소리(어중)의 자음 소리를 자주 생략하는 경향이 있어요. 그래도 대체로 분명하게 단어를 발음할 수 있지요. 특히 /ㄴ/, /ㄲ/, /ㄷ/ 소리가 들어간 단어와 문장은 정확히 발음할 수 있어요. '발음 놀이(2)'는 보호자가 아이의 발음을 확인해 자신 있게 말하도록 돕는 놀이입니다. 놀이에 들어가기 전에 어두 초성(첫 자음 소리)과 어중 초성(중간 자음 소리)에 관해 이해하면 좋아요. 예를 들어 '가방'에서는 /ㄱ/이 어두 초성이고, /ㅂ/이 어중 초성이랍니다.

준비물

목표 단어 그림 또는 단어 카드, 칭찬 스티커, 스티커 판, 보물 상자

놀이 목표

/ㄴ/, /ㄲ/, /ㄷ/ 소리를 정확하게 발음하고 자신 있게 말할 수 있어요.

/ㄴ/	단어
1단계	나 니 누 네 노 너 느 낮 눈 넷
2단계	나무 네모 노래 하나 비누 문어[무너] 그네 언니 너구리 나팔꽃 노란색 놀이터[노리터] 바나나 할머니 피아노
3단계	남자 냄비 눈썹 농부 늑대 군인[구닌] 터널 하늘 냉장고 낚싯대 낙하산[나카산] 눈사람[눈싸람] 소나무 색연필[생년필] 선생님
4단계	나뭇가지 나무늘보 느티나무 어버이날 마요네즈 파인애플[파이내플] 하모니카 지느러미 카네이션 비닐봉지 낭떠러지 눈썰매장

/ㄲ/	단어
1단계	까 끼 꾸 깨 꼬 꺼 끄 꽃 꿀 껌 끈
2단계	까치 꼬리 꺼요 깨요 토끼 축구[축꾸] 물개[물깨] 치과[치꽈] 학교[학꾜] 깡통 꼴찌 껍질 배꼽 뚜껑 떡국[떡꾹]
3단계	까마귀 꽃다발[꼳따발] 발가락[발까락] 손가락[손까락] 장난감[장난깜] 목걸이[목꺼리] 물고기[물꼬기] 세탁기[세탁끼] 코끼리 콧구멍[코꾸멍] 꽈배기
4단계	가스버너[까스버너] 고깔모자 나뭇가지[나무까지] 가까워요 두꺼워요 수수께끼 미꾸라지 미끄럼틀 미끄러워 시끄러워 어깨동무

/ㄷ/	단어
1단계	다 디 두 대 도 더 드 달 돈 등
2단계	다리 도마 두부 드럼 돼지 바다 포도 구두 카드 침대 동물 당근 둥지 등산 계단
3단계	다람쥐 도깨비 도시락 드레스 대나무 사다리 핸드폰 분수대 인디언 두더지 당나귀 동물원 자동차 비둘기 신호등
4단계	드라이기 드라큘라 줄다리기 고슴도치 횡단보도 배드민턴 샌드위치 피라미드 멜로디언 돌하르방 동그라미 무당벌레 반딧불이

1 자음 /ㄴ/, /ㄲ/, /ㄷ/ 중에서 하나를 고른 다음, 1~4단계 목표 단어 중 5~10개씩 골라 그림이나 단어 카드를 준비합니다. 그림은 휴대폰으로 검색한 사진 등으로 활용이 가능합니다.

2 1단계 수준에서 목표 단어를 그림 또는 사진과 함께 보여 주며 따라 말하게 합니다. 정확하게 따라 하지 못해도 잘하고 있다며 칭찬하고 다음 단어로 넘어가면 됩니다.

3 목표 음소가 첫소리에 들어간 단어를 따라 말하게 합니다. '2단계→3단계→4단계' 순으로 진행합니다. 5~10개 그림이나 단어를 뒤집어서 펼쳐 놓고, 하나씩 뒤집으면서 보호자가 말하면 아이가 따라 말하게 합니다. '나아~무', '네에~모'처럼 부드럽게 이어서 말해 줍니다. 아이가 놀이를 잘 따라 하면, 칭찬 스티커를 주며 스티커 판에 붙이게 해도 좋습니다.

4 목록에 있는 단어를 활용해 아이와 자유롭게 문장을 만들거나 단어와 관련된 경험을 나누어 봅니다.

☺ TIP

- 다음과 같은 서브 놀이를 진행해도 좋습니다.

구강 기능 강화 놀이

1. 코 아래쪽부터 윗입술까지 엄지손가락으로 누르면서 쓸어 줍니다. 양옆으로도 쓸어 주면서 같은 동작을 5회씩 반복합니다.

2. 오른쪽과 왼쪽 볼을 번갈아 가며 손바닥으로 입술 아래부터 대각선 위쪽으로 쓸어 올립니다.

3. 턱을 내려 입을 최대한 벌리고 5초 이상 멈춥니다.

4. 입을 벌린 채 혀를 아래쪽으로 내밀어 5초 동안 멈춥니다.

5. 혀를 내밀고 혀끝으로 윗입술과 아랫입술을 핥아 줍니다.

6. 혀끝에 힘을 주어 '나나나나나', '다다다다다' 소리를 5회씩 내 줍니다.

빙고 게임

따라 말하기 한 그림을 사용해 2×2, 3×3 빙고 게임을 합니다. 게임을 진행하며 아이가 자연스럽게 단어를 발음하도록 유도합니다.

발음 보물찾기

1. 따라 말하기 한 그림을 집 안 곳곳에 숨기고 찾도록 합니다.

2. 찾은 그림을 말하면, 미리 준비한 보물 상자에 넣습니다.

- 아이가 발음을 잘 따라 하지 못하면, 서브 놀이 중 '구강 기능 강화 놀이'부터 진행하며 발음 연습을 도와줍니다. 아이가 보호자의 소리를 따라 하는 것을 지루해한다면 아이가 먼저 그림을 보고 무엇인지 말해 본 다음, 보호자가 정확하게 발음해 다시 들려주는 식으로 놀이를 진행해도 됩니다. 그런 다음 '빙고 게임'과 '발음 보물찾기'를 연결해 소리의 즐거움을 느낄 수 있도록 해 줍니다.

보호자 가이드 아이의 발음이 부정확하더라도 "다시 말해 봐. 못 알아듣겠어."라며 정확한 소리를 강요하지 마세요. 아이가 말하기에 자신감을 잃을 수 있습니다. 아이가 특정 음소를 잘 발음하지 못한다면, 평소에 해당 음소가 들어간 단어를 크게 강조해 들려주는 것이 좋아요. 그러면 아이는 자연스레 자신의 소리와 다름을 알고 정확하게 해 보려고 노력할 것입니다. 또 이 시기의 아이들은 /ㄱ/, /ㅋ/, /ㅈ/, /ㅉ/, /ㅊ/, /ㅅ/, /ㅆ/, /ㄹ/ 발음을 어려워하므로 본 활동의 목표가 아닌 소리를 정확히 내라고 무리하게 요구하면 안 돼요. 간혹 아이에게 단어를 음절로 쪼개어 따라 하도록 하기도 합니다. 그러면 아이가 단어를 끊어서 말하게 되므로 발음이 부자연스러워질 수 있어요. 단어 전체를 천천히 말하면서 아이가 자연스럽게 발음하도록 유도해 주세요. 예를 들어 '나비'라는 단어를 설명할 때는 "나! 따라 해. 비! 따라 해."라고 하기보다는 "나~비."라고 하는 것이 좋습니다. 아이가 만 4세 후반이 될 때까지 목표 음소가 들어간 소리를 정확히 발음하지 못한다면, 전문가 상담을 추천합니다.

나의 이야기책(2)

언어 놀이

놀이 효과

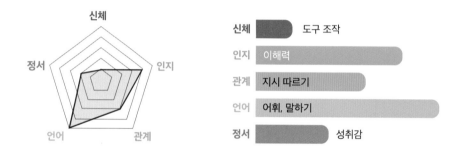

신체	도구 조작
인지	이해력
관계	지시 따르기
언어	어휘, 말하기
정서	성취감

놀이 소개

이 시기의 아이들은 줄거리가 있는 말을 듣고 전달할 수 있어요. 논리적인 순서를 이해하고, 시간의 흐름에 따라 사물과 사건을 연결할 수 있게 되는 것이지요. 아이가 일부 내용을 생략해 말하거나 시간 순서에 맞지 않게 말한다면, 책을 지루해하는 아이는 보호자와 함께 만든 4컷 이야기책에는 관심을 보일 수 있습니다. '나의 이야기책(2)'를 통해 좀 더 쉽고 즐겁게 이야기를 나누어 주며 아이의 말하는 능력을 키워 줄 수 있어요. 그러면 아이는 대화할 때 상대방 말의 핵심을 잘 이해하게 되고, 자신의 경험을 논리적으로 말할 수 있게 된답니다.

준비물

그림책 주요 장면 인쇄물, 스케치북, 가위, 풀

놀이 목표

이야기를 듣고 그림 순서와 내용을 이해할 수 있어요. 이해한 내용을 다시 말해 줄 수 있어요.

😊 놀이 방법

1 아이가 평소에 좋아하는 그림책을 몇 권 고릅니다. 그림책마다 주요 장면 4컷씩을 뽑아 인쇄물을 준비합니다.

2 아이와 마주 앉아 그림에 나오는 인물, 사물, 장소에 관해 이야기를 나눕니다.

3 그림 한 장당 두세 문장으로 이야기를 들려줍니다.
"아기 돼지 삼형제가 있어. 얘가 첫째 돼지, 얘는 둘째 돼지, 얘는 셋째 돼지야. 어떤 일이 일어날지 넘겨 볼까?"
만약 아이가 그림에 관해 말하고 싶어 중간에 끼어들면, 아이의 말을 충분히 기다리고 들어줍니다.

4 아이에게 그림에 관한 퀴즈를 냅니다. 아이가 최대한 스스로 기억할 수 있도록 힌트를 줍니다.
"첫째 돼지는 무엇으로 집을 만들었지? 셋째 돼지는 무엇으로 집을 만들었지? 첫째 돼지와 둘째 돼지의 집은 왜 날아갔을까?"

5 충분히 이야기를 나누었다면, 그림을 뒤섞어 이야기 순서를 맞춰 보게 합니다. 아이가 이야기 순서를 이해했다면, 그림을 스케치북에 붙여 나만의 책을 만듭니다. 아이가 익숙해지면, 순서를 바꿔 아이가 질문하고 보호자가 이야기를 만들어 볼 수도 있습니다. 놀이가 끝나면 마지막으로 제목을 붙여 이야기책을 완성합니다. 이야기책은 다음과 같은 순서로 만들 수 있습니다.

① 『빨간 망토』: 늑대를 만난다-늑대가 할머니를 잡아먹는다-사냥꾼이 늑대를 물리친다-할머니는 사냥꾼에게 고맙다고 인사한다
② 『아기 돼지 삼형제』: 첫째 돼지의 짚으로 만든 집이 후 불면 날아간다-둘째 돼지의 나무판자 집이 후 불면 날아간다-셋째 돼지의 벽돌집이 후 불어도 날아가지 않는다-모두 셋째 돼지의 집으로 간다

😊 TIP

- 그림책 대신 영상이나 영화 장면을 4컷씩 모아서 이야기를 만들어도 됩니다. 마지막 장면 이후에 일어날 일을 추측하거나 이야기와 관련된 경험을 말하며 대화를 확장시킬 수도 있습니다. 만 4세 언어 놀이인 '특별한 날을 기억해요'와 연계해 진행할 수도 있습니다.

- 아이는 추측하는 것이 어려울 수 있으므로 아이에게 먼저 기회를 주고, 모르겠다고 하면 "이렇게 됐을 것 같은데?"라는 식으로 시범을 보여 줍니다.

보호자 가이드 이 놀이를 할 때는 주인공이 있으며 간단한 이야기로 구성된 책, 단어나 구가 반복되는 등 특정한 패턴이 있는 책, 결과를 예측할 수 있는 책, 주제가 분명한 책을 고르는 것이 좋아요. 놀이 도중에는 이야기 속 인물들의 감정을 살려 책을 읽어 주세요. 아이가 혹시 지루해하면 모르는 어휘가 있는지, 설명이 너무 길고 어렵지 않은지, 이야기를 완전히 이해하도록 강요하지 않았는지 점검하면 좋습니다. 이야기의 즐거움을 느끼려면, 아이가 주도적으로 그림을 만지고 살펴보며 책을 완성할 수 있게 해야 합니다. 한 연구에 따르면 언어 발달이 다소 느린 아이의 어머니는 아이 말을 복잡하게 바꿔 말하거나 아이가 선택한 주제를 임의로 변화시키는 경향이 큰 반면, 언어 발달이 빠른 아이의 어머니는 아이 말을 간단하게 정리해 다시 말해 주고 아이의 선택을 존중하는 경향이 있다고 해요.

글자랑 친해져요

언어 놀이

놀이 효과

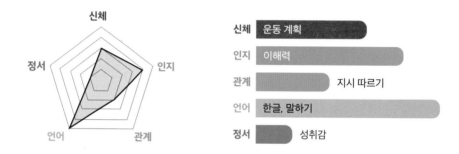

신체	운동 계획
인지	이해력
관계	지시 따르기
언어	한글, 말하기
정서	성취감

놀이 소개

이 시기의 아이들은 단어가 더 작은 단위 소리로 나뉠 수 있음을 인식합니다. 예를 들어 '가'는 'ㄱ +ㅏ', '나'는 'ㄴ+ㅏ'라는 사실을 알게 되는 것이지요. 글자에 집중하는 환경에서 유아기를 보내면, 향후 읽기 학습 능력에도 좋은 영향을 받을 수 있습니다. 읽기는 말하기보다 어려워서 아이가 글자를 쉽게 생각하고 관심을 보이게 만드는 것이 중요해요. '글자랑 친해져요'는 몸을 움직이며 즐겁게 글자를 익히는 놀이랍니다.

준비물

공(볼풀공 또는 그 정도 크기의 딱딱하지 않은 공), 글자를 적은 종이(10×5cm), 스카치테이프

놀이 목표

글자와 말소리를 즐겁게 익힐 수 있어요.

·· 놀이 방법

1 아이에게 공으로 벽에 붙어 있는 글자를 맞히는 놀이를 하자고 이야기합니다. 글자를 적은 종이들은 미리 벽에 붙여 둡니다.

2 아이와 보호자가 번갈아 공으로 글자를 맞힙니다. 아이가 멀리서 공을 던지는 것을 어려워한다면, 가까이에서 던지게 해 줍니다.

> **주의 사항** 주위에 깨질 만한 물건이 없는지 확인하고 미리 치웁니다.

3 각자 맞힌 글자를 떼고, 맞힌 순서대로 배열합니다.

4 순서대로 글자를 읽어 보고, 의미 없는 낱말이나 문장을 보며 함께 웃습니다.

5 의미 있는 낱말이나 문장으로 만들 수 있는지 생각해 보고, 글자를 다시 배열해 봅니다. 예를 들어 아이에게 "사자, 하늘, 나무 글자를 맞혔네? 이걸로 문장을 만들어 볼까?"라고 질문합니다. 아이가 먼저 말하지 않는다면, 보호자가 "음, 사자가 나무에서 하늘을 봐. 어때?"라며 시범을 보여도 좋습니다. 문장이 모두 연결되지 않아도 괜찮고, 모든 단어를 사용하지 않아도 됩니다.

·· TIP

· '글자 메모리 게임'을 해도 좋습니다. 아이에게 똑같은 글자를 찾아보자고 말합니다. 이미 한글에 익숙한 아이에게는 받침 있는 글자를 주어도 되지만, 처음에는 받침 없는 글자 위주로 하는 것이 좋습니다. 2쌍으로 4개, 3쌍으로 6개 등 찾아야 할 글자를 점점 늘리는 방식으로 놀이를 진행합니다. 나중에는 아이가 헷갈려 하는 자모음 위주로도 놀이를 할 수 있습니다.

보호자 가이드 아이에게 무조건 "이게 뭐야?"라는 식으로 질문하며 대답을 강요하면, 아이가 글자를 싫어하게 될 수도 있어요. 아무리 놀이라고 해도 글자와 관련된 놀이는 하지 않겠다고 말할 수도 있습니다. 아이가 즐겁게 놀며 배우고 있다는 느낌이 들도록 과도한 질문은 삼가 주세요.

어떻게 하면 좋을까?

언어 놀이

놀이 효과

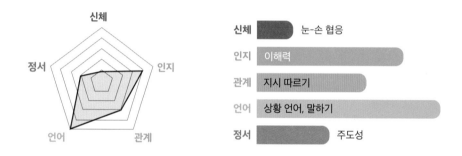

신체	눈-손 협응
인지	이해력
관계	지시 따르기
언어	상황 언어, 말하기
정서	주도성

놀이 소개

이 시기의 아이들은 이야기를 주의 깊게 들을 수 있고, 이야기와 관련된 간단한 질문을 하거나 대답도 할 수 있어요. 또 논리적 사고가 자라기 시작하고, 다양한 어휘와 긴 문장을 사용하기도 하지요. '어떻게 하면 좋을까?'는 문제 상황을 이해하고 언어로 해결하는 능력을 키워 주는 놀이랍니다.

준비물

좌식 책상, 스케치북, 색연필, 책

놀이 목표

상황을 이해하고 그에 맞는 말을 해 봄으로써 언어의 함축된 의미와 맥락을 아우르는 소통 능력을 키울 수 있어요.

😊 놀이 방법

1 좌식 책상에 스케치북과 색연필을 놓고, 보호자와 아이가 나란히 앉습니다. 책을 읽을 때는 소파에 앉거나 아이가 보호자 무릎 위에 앉는 등 좀 더 친밀한 자세를 해도 괜찮습니다.

2 아이가 좋아하는 책을 함께 읽습니다. 또는 아이에게 스케치북에 책 내용과 관련된 그림을 그려 보게 합니다.

3 책에 제시된 문제 상황을 확인하고 아이에게 묻습니다. 『토끼와 거북이』를 예로 들면, "토끼는 지금 뭘 하지? 토끼가 잠을 계속 자면 어떻게 될까? 토끼가 일어나면 이렇게 될까?"와 같은 질문을 할 수 있습니다.

4 아이가 자신의 생각을 말하면, 칭찬하거나 지지하는 말을 해 줍니다. 책을 다 읽고 "같이 책 읽으며 이야기하니까 너무 재밌다."처럼 말해 줍니다.

😊 **TIP**

- 스케치북에 문제 상황을 그리고 아이에게 질문해도 좋습니다. 혼자 있는 고양이를 그리고 "여기 고양이가 있어. 그런데 비가 오네. 밥도 못 먹은 것 같은데 ○○이는 어떻게 하고 싶어?"라고 물어보거나 울고 있는 아이를 그리고 "아이가 울고 있네. 왜 울고 있을까? 그래, 돌에 걸려서 넘어졌나 봐. 다쳐서 피가 나네. 어떻게 하지?"라고 물어보는 식으로 놀이를 진행합니다.

- 아이가 놀이를 어려워하면, 아이의 경험을 예로 들거나 상황을 더 자세히 설명해 줍니다. 아이가 그린 그림에서 문제 상황을 유도해도 좋습니다. 아이에게 먼저 무엇을 그렸는지 묻고, 문제 상황을 만들어 질문합니다. 예를 들어 아이가 "나는 공룡을 그렸어."라고 하면, 보호자가 옆에서 화산을 그리면서 "화산이 폭발한다! 어떻게 하면 좋지?"라고 물어봅니다.

보호자 가이드 아이가 아이다운 상상력으로 조금 터무니없는 해결책을 내놓을 수도 있습니다. 그럴 때는 "아니야, 그건 아니지. 어떻게 그래?"라고 하기보다는 "그렇구나. ○○이 생각은 그렇구나. 그럴 수 있지."라고 반응한 뒤, 더 현실성 있는 대답을 자연스럽게 알려 주세요.

쌍둥이 친구 찾기

언어 놀이

😊 놀이 효과

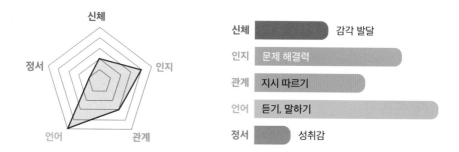

신체	감각 발달
인지	문제 해결력
관계	지시 따르기
언어	듣기, 말하기
정서	성취감

😊 놀이 소개

대화가 자연스럽게 이어지려면, 화자와 청자 모두 상대방의 입장을 고려해 특정한 정보를 표현하거나 이해하는 능력을 갖추어야 합니다. 이를 '참조적 의사소통' 능력이라고 해요. '쌍둥이 친구 찾기'는 상대방의 설명을 잘 듣고, 쌍둥이 친구를 찾아보는 놀이입니다. 이러한 놀이를 꾸준히 하면 주의 깊게 듣기, 정보 요구하기, 분명하게 말하기 등의 능력이 향상될 수 있답니다.

😊 준비물

스케치북 또는 종이, 색연필, 가위, 풀

😊 놀이 목표

참조적 의사소통 능력을 향상시킬 수 있어요.

☺ 놀이 방법

1 종이 2장에 눈, 코, 입, 머리카락까지 얼굴을 똑같이 그립니다. 액세서리 그림(목걸이, 귀걸이, 모자, 목도리, 안경, 핀 등)을 하나하나 그린 후 자릅니다. 얼굴 그림 1장에 액세서리들을 붙입니다. 이 과정을 아이가 보지 않도록 합니다. 아이에게 나머지 얼굴 그림 1장과 붙임용 액세서리 그림들을 제시합니다.

2 아이에게 얼굴 그림을 보여 주며 이 친구의 쌍둥이를 찾는 놀이를 할 것이라고 알려 줍니다. 쌍둥이를 찾으려면 보호자의 말을 잘 들어야 한다고 설명합니다.

3 아이와 등을 맞대고 앉습니다. 보호자의 설명이 끝날 때까지 돌아보지 말고 기다리라고 말합니다.

4 아이가 보호자의 설명을 듣고 얼굴 그림을 꾸밉니다.
"이 친구는 모자를 썼어. 귀걸이를 했어. 목걸이를 했어."
이때 힌트가 더 필요하면 물어봐도 된다고 말합니다.

5 아이가 꾸미기를 완성하면 보호자가 그린
친구와 똑같은지, 어디가 다른지
확인하며 놀이를 마무리합니다.
역할을 바꿔서 아이가
설명하고 보호자가
얼굴을 꾸며도
됩니다.

☺ TIP

• 액세서리를 3개→4개→5개 이상으로 늘려 봅니다. 아이가 잘하면 색깔이 다른 액세서리를 제시하고, 경우의 수를 늘리거나 옷 꾸미기까지 도전해 볼 수 있습니다.

보호자 가이드 아이가 놀이 과정을 답답하고 어렵게 느낄 수도 있습니다. 그럴 때는 먼저 3개 정도 맞히게 해 보세요. 그러면서 "엄마(아빠)가 그린 거랑 똑같을지 너무 궁금하지? 엄마(아빠)도 너무 궁금하네. 그럼 엄마(아빠) 말에 귀 기울여 잘 들어줘."라고 말하며 지지해 주세요.

만4세 후우~ 바람을 불어 봐!

54~59 개월

정서 놀이

놀이 효과

신체	구강 운동
인지	주의력
관계	갈등 해결
언어	상황 언어
정서	자기 감정 인식, 감정 조절

놀이 소개

아이들도 속상할 때나 화가 날 때 감정을 잘 다스리고 싶어 합니다. 이럴 때는 하던 행동을 잠시 멈춘 후 마음을 진정하고 표현해도 된다고 알려 주는 것이 좋아요. '후우~ 바람을 불어 봐!'는 아이가 감정을 조절하는 다양한 방법을 경험하고 시도할 수 있게 도와주는 놀이랍니다.

준비물

바람개비, 바람개비 만들기 재료(수수깡, 색종이, 압정, 가위 등)

놀이 목표

감정을 조절하는 나만의 방법을 찾을 수 있어요.

☺ 놀이 방법

1 아이와 함께 화나거나 속상했을 때 했던 행동에 관해 이야기를 나눕니다.
"물건을 던졌어요.", "소리를 질렀어요.", "울면서 아무 말도 안 했어요."

2 아이가 아직 감정을 언어로 표현하기 어려워한다는 사실을 전제로 하고 놀이를 진행합니다. 아이가
말보다 행동이 앞설 수밖에 없었던 이유에 대해 공감해 줍니다.
"그랬구나. 속상한데 말로 하기 어려워서 그랬구나."
속상할 때는 화를 내는 대신 1부터 5까지 세며 천천히 숨을 쉬어 보자고 제안합니다.

3 바람개비를 천천히 입으로 불면서 숨을 쉬어 보게 합니다. 다시 눈을 감고 화났을 때를 떠올려
봅니다.

4 눈을 감고 앞에 바람개비가 있다고 상상하며 천천히 숨을 뱉어 보게
합니다. 눈을 뜨고 그때 기분이 어땠는지 이야기를 나눕니다.

5 아이와 함께 바람개비를 만들어 봅니다. 속상할 때는
잠시 멈춰서 바람개비를 상상하며 숨을 쉬어
보자고 제안합니다.

☺ TIP

- 바람개비 상상하기에 익숙해지면, 감정을 조절하는 다른 방법도 시도해 봅니다. 속상한 기억을 줄에 매달린 연이라고 생각하고 멀리 날려 보내는 상상을 해 보거나 풍선이 휙 날아가는 모습 등을 상상해 보도록 합니다.

보호자 가이드 아이가 어떨 때 화가 나는지 충분히 이해한 다음에 놀이를 시작합니다. 평소에 감정을 폭발시키듯 표현하는 아이에게는 되도록 여러 번 연습하게 해 주고, 활동하는 것을 더 좋아하는 아이에게는 지루하지 않도록 대화를 유도해 주세요. 화나는 마음 자체가 잘못된 것이 아니라는 것을 잘 알려 주어야 합니다. 화날 때 멈추고 호흡하는 이유는 마음을 조절하고, 마음을 말로 표현할 준비를 하기 위해서라는 사실을 꼭 알려 주세요.

만4세 마음 카나페

54~59 개월

정서 놀이

놀이 효과

신체		자조
인지	시지각	
관계		지시 따르기
언어	어휘	
정서	감정 어휘, 자기 감정 인식	

놀이 소개

이 시기의 아이들은 자신의 감정을 언어로 표현할 수 있게 돼요. 특정한 상황과 장소에 따라오는 분위기나 정서에 대해서도 알아차리고, 희로애락에서 뻗어 나온 섬세한 감정들도 이해하지요. '마음 카나페'는 여러 가지 상황에 관한 예시를 듣고 그에 어울리는 감정과 행동, 표정을 상상해 보는 놀이랍니다.

준비물

크래커, 치즈, 햄, 제과용 초콜릿 펜, 붉은색 과일

놀이 목표

다양한 감정을 이해할 수 있어요.

☺ 놀이 방법

1 아이에게 아래의 표정 그림을 보여 주고, 언제 이런 감정을 느꼈는지 이야기를 나눕니다.

따웅~ 깜짝이야!   오오~ 기대된다.   못 할 거 같은데…   아~ 재미없어.
놀랐어요.   설레요.   걱정돼요.   지루해요.

2 아이가 느꼈던 감정을 크래커 위에 표현해 보자고 제안합니다. 감정을 나타내는 구체적인 표정을 표현해도 좋고, 느낌 자체를 추상적으로 표현해도 좋습니다.

3 치즈, 햄, 초콜릿 펜, 과일 등을 활용해 크래커 위에 표정이나 느낌을 표현합니다.

4 각자 만든 카나페를 보고, 왜 이렇게 표현했는지 이야기를 나눕니다.

☺ **TIP**

• 아이와 함께 만든 크래커를 사진으로 찍고, 이름을 붙여서 메뉴판을 만들어 봅니다. 메뉴를 주문하고 주문받는 역할 놀이도 할 수 있습니다.

보호자 가이드 아이가 표정을 표현하는 것을 어려워할 수 있어요. 꼭 표정으로만 감정이 나타나는 것은 아니므로 눈, 코, 입의 모양을 너무 자세히 알려 주지 않아도 됩니다. 아이가 느낀 감정을 느낀 대로 표현하게 하고, 그 표현을 지지해 주세요.

나의 마음의 소리를 표현해 보아요

정서 놀이

놀이 효과

신체		눈-손 협응
인지	주의력	
관계	지시 따르기	
언어	어휘	
정서	자기 감정 인식, 주도성	

놀이 소개

만 4세 아이들은 다양한 감정을 느끼지만, 감정을 명확하게 이해하는 것을 어려워해요. '나의 마음의 소리를 표현해 보아요'는 외부 소리를 통해 마음의 소리에도 귀 기울이는 경험을 하게 하는 놀이입니다. 아이 스스로에게 위로가 되기도 하고, 타인에게 자신의 마음을 들려줄 기회가 될 수도 있지요.

준비물

뚜껑이 있는 병들, 곡식(쌀, 콩, 보리 등), 표정 스티커

놀이 목표

자신의 감정에 관심을 가지고 알아차릴 수 있어요.

1 여러 가지 모양의 병과 병 안에 넣을 곡식을 준비합니다.

2 병에 곡식을 넣어 다양한 소리를 내 보고, 다른 소리와 비교해 봅니다.

3 가장 마음에 드는 소리를 찾아봅니다. 화났을 때의 마음과 비슷한 소리, 속상할 때의 마음과 비슷한 소리 등을 찾아서 표정 스티커를 붙입니다.

4 여러 가지 감정 스티커가 붙은 병을 흔들어서 소리를 들어 봅니다. 보호자가 표현한 여러 감정의 병의 소리도 들어 봅니다.

보호자 가이드 '나의 마음의 소리를 표현해 보아요'는 아이가 마음의 소리를 주관적으로 표현 하는 놀이입니다. 정해진 답이 없다는 사실을 알려 주고, 자유롭게 시도해 보도록 도와주세요. 속상할 때 완성된 악기를 흔들어 "내 마음이 이래."라고 소리로 표현할 수도 있습니다.

내가 주인공이야

정서 놀이

놀이 효과

신체	도구 조작
인지	문제 해결력
관계	친밀감
언어	말하기
정서	자아 존중, 주도성

놀이 소개

이 시기의 아이들은 점점 자아 개념이 명확해집니다. 자신이 무엇을 잘할 수 있고, 무엇을 좋아하는지도 알게 되지요. '내가 주인공이야'는 자신을 특별하고 소중하게 표현해 보는 놀이입니다. 자신에 대해서 곰곰이 생각하고 소개하는 시간은 자신을 더욱 가치 있게 느끼도록 도와준답니다.

준비물

스케치북 또는 반으로 접은 종이, 색연필, 매직펜, 전단지 또는 광고지, 가위, 풀

놀이 목표

자신을 정확히 이해하고 사랑할 수 있어요.

😊 놀이 방법

1 아이에게 어떤 동화 주인공을 좋아하는지 물어봅니다. 그 주인공은 어떤 사람인지, 무엇을 좋아하는지, 무슨 일을 하는지 이야기를 나눕니다.

2 아이에게 책 속의 주인공이 되어 보자고 제안합니다. 아이에게 주인공이 되어 하고 싶은 상황을 표현한 그림책을 만들지, 좋아하는 색깔, 음식, 옷, 신발, 캐릭터 등을 소개하는 책을 만들지 결정하게 합니다.

3 아이가 원하는 내용을 그림으로 표현하게 합니다. 아이가 그림으로 표현하는 것을 어려워한다면, 보호자가 내용을 듣고 그린 다음 아이가 색칠로 마무리해도 됩니다. 전단지나 광고지 등에서 그림을 찾아 붙여도 좋습니다.

4 그림마다 이야기를 적습니다. 아이가 글씨 쓰는 것을 어려워한다면, 보호자가 아이의 이야기를 받아씁니다. 완성된 책을 함께 읽으며 주인공을 소개해 봅니다.

😊 **TIP**

• 놀이 전에 보호자가 먼저 자신을 소개하는 책을 만들어 보여 주면, 아이의 관심과 흥미를 끌 수 있습니다. 아이가 책 만들기를 좋아한다면, 아이의 성장 과정 중 인상 깊은 사진들을 골라 '나의 ○살 이야기'와 같은 책을 만들어 볼 수도 있습니다.

보호자 가이드 아이가 무엇을 좋아하고 싫어하는지, 어떤 활동을 더 즐거워하는지 스스로 알아차릴 수 있게 해 주세요. 싫어하는 것을 이야기할 때는 왜 싫은지 따지기보다 누구나 싫어하는 것이 있다는 사실을 알려 주고 공감해 주세요.

어떻게 도와줄까?

정서 놀이

놀이 효과

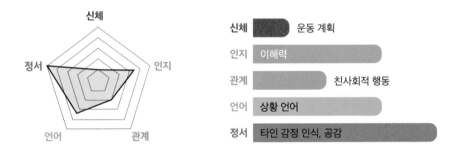

신체		운동 계획
인지	이해력	
관계		친사회적 행동
언어	상황 언어	
정서	타인 감정 인식, 공감	

놀이 소개

아이들은 생후 36개월이 지나면서 감정 이입 능력이 발달해요. 타인의 감정에 공감대를 형성할 수 있게 되지요. '어떻게 도와줄까?'는 다양한 상황과 감정을 간접적으로 경험하고 표현해서 실제로 그 감정을 느꼈을 때 제대로 표현하고 해결책을 찾는 데 도움을 주는 놀이예요. 아이는 이 놀이를 통해 공감 능력과 문제 해결 능력을 키울 수 있답니다.

준비물

동화책

놀이 목표

동화책에 등장하는 인물들의 상황과 감정을 이해하고 공감할 수 있어요.

1 아이와 함께 동화책을 읽으며 등장인물의 상황이나 감정에 관해 이야기를 나눕니다.

2 등장인물을 어떻게 도와주고 위로해 줄 수 있을지 이야기합니다.

3 이야기에서 찾은 방법들을 직접 역할 놀이로 표현합니다.

보호자 가이드 아이가 이야기보다 그림에 관심을 보이면, 그림으로 등장인물의 상황과 감정을 표현하게 해 주세요. "기분이 어땠을까? 우리가 어떻게 도와줄 수 있을까?"와 같은 말을 건네며, 아이가 생각을 잘 표현하도록 도와주세요. 역할 놀이를 할 때 아이가 이야기를 각색해서 표현할 때도 있습니다. 이럴 경우, 아이의 생각과 표현을 존중해 주세요.

오은영의 모두가 행복해지는 놀이

어떻게 놀아줘야 할까 ❶

초판 1쇄 발행일 | 2023년 12월 25일

지은이 | 오은영 · 오은라이프사이언스 연구진(김경은 · 안혜원 · 위지희 · 이소정 · 이지연 · 최수빈 · 황경진)
그린이 | 현숙희

발행인 | 유정환
제작총괄 및 마케팅 | 신효순
편집 | 안주영 · 문재호
디자인 | 공간디자인 이용석

발행처 | 오은라이프사이언스㈜
등록 | 2022년 11월 14일(제2022-000340호)
주소 | 서울시 강남구 학동로50길 28, 4층(논현동)
전화 | 070-4354-0203
저작권자 | ©오은영, 오은라이프사이언스㈜

ISBN 979-11-92255-37-8(13590)

값은 뒤표지에 있습니다.